KENNE DEINEN WERT!

SUSAN J.
MOLDENHAUER

KENNE DEINEN WERT!

Der Gehalts-ratgeber für Frauen

BOOKS

Für dich

Inhalt

Vielleicht reicht es nicht,
vielleicht kann ich es nicht,
vielleicht bin ich einfach,
vielleicht ...,
aber vielleicht ist alles auch anders.
Viel leicht statt vielleicht.

Georg Thoma

erlaubst, die Haltung zu entwickeln, dass du endlich mehr Gehalt verdienst, weil du deinen Wert kennst.

Kurzum: Es geht um dich und um deinen dich zufriedenstellenden und für dich erfolgreichen Weg!

Ich wünsche dir viel Freude und viele Erkenntnisse beim Lesen und noch mehr Freude, Erfolg und das nötige Quäntchen Glück bei deiner nächsten Gehalts- oder Honorarverhandlung!

Herzlichst

Susan J. Moldenhauer

PS: Mit diesem Buch spreche ich in erster Linie Frauen an. Ich heiße auch Männer und alle anderen Geschlechter herzlich willkommen, denn nicht nur Frauen wünschen sich Unterstützung bei der Gehaltsverhandlung oder bei anderen Karrierethemen.

Wir beginnen mit einem kurzen Blick auf die gesellschaftspolitische Entwicklung der Gleichberechtigung von Frau und Mann in den letzten etwa hundert Jahren in Deutschland. Aus dieser Perspektive ist dieses Buch geschrieben, weshalb in einigen Kapiteln auf die arbeitsrechtlichen Grundlagen, die in Deutschland gelten, Bezug genommen wird.

Solltest du außerhalb Deutschlands leben und arbeiten, wirst du dennoch vieles für dich mitnehmen können. Denn sobald es um die Themen Persönlichkeitsentwicklung, Karriereplanung, Kommunikation und Verhandeln geht, spielen Landesgrenzen keine Rolle mehr.

Des guten Leseflusses halber wähle ich mal die eine, mal die andere Geschlechtsform und in erlebten Geschichten diejenige Geschlechtsform, die die erlebte Erfahrung wiedergibt. Falls häufiger die männliche Geschlechtsform des Chefs auftaucht, dann liegt es an der gemachten und beschriebenen Erfahrung und zeigt, dass es für uns Frauen noch jede Menge Entwicklungspotenzial gibt und wir selbst etwas ändern können. Und vielleicht auch dieses Buch.

1

Warum ein Gehaltsverhandlungsratgeber für Frauen?

Wir schreiben das Jahr 2022. Die Gleichberechtigung zwischen Mann und Frau ist hierzulande immer noch ein viel diskutiertes Thema, vor allem beim Gehalt. Vor über hundert Jahren erkämpften Frauen ihr Wahlrecht, schnitten die alten Zöpfe ab und prägten in den »Goldenen Zwanzigern« des vergangenen Jahrhunderts den Mythos der »neuen Frau«. Es entstanden die »typischen Frauenberufe«, wie Verkäuferin, Schneiderin, Lehrerin, Sekretärin, Krankenschwester und Buchhalterin. Die neue Frau mit Bubikopf, die sich schminkte, rauchte, das Nachtleben eroberte, die liebte, wen sie wollte, und Schriftstellerin, Tänzerin oder Schauspielerin war, blieb jedoch für die meisten Frauen ein unerreichtes Idol. Frauen galten weiterhin als billige Arbeitskräfte, die für die gleiche Arbeit die Hälfte dessen, was Männer verdienten, erhielten. Die beginnende Emanzipation der Frau in Gesellschaft und Politik kam nach Gründung der Nationalsozialistischen Deutschen Arbeiterpartei (NSDAP) zum Erliegen, als die Partei 1921 beschloss, Führungspositionen Männern vorzubehalten, und Frauen durch weitere gesetzliche Regelungen zunehmend aus gehobenen Berufen verdrängte.[1] Sobald eine Frau heiratete, konnte sie sofort aus ihrem Beruf entlassen werden. Die perfekte Mutter, die sich selbstlos um Kinder und Haushalt kümmerte, wurde in der Gesellschaft als Frauenbild installiert.

Wer weiß, ob wir heute noch über die Vereinbarkeit von Familie und Beruf, echte Emanzipation und Frauen in Führungspositionen diskutieren würden, hätte nicht die Zäsur durch den Zweiten Weltkrieg mit ihren Folgen stattgefunden. Vielleicht hätten wir bereits flächendeckend Kitaplätze und Ganztagsschulen und es wäre nicht außergewöhnlich, wenn auch die Väter in Elternzeit gingen.

Gegen Ende der Achtzigerjahre lag die Erwerbsquote der Frauen in der DDR bei 91 Prozent, in der Bundesrepublik betrug sie zur gleichen Zeit etwa die Hälfte. Dass diese beiden Staatssysteme nicht miteinander vergleichbar sind, steht auf einem ganz anderen Blatt. Die Emanzipation der Frau in der DDR hatte auch ihre Schattenseiten und war quasi das Nebenprodukt der Sozialistischen Einheitspartei Deutschlands (SED). Frauen waren »permanent am Limit«, wie der Deutschlandfunk unter Verweis auf zwei neue Studien titelt.[2] Geblieben ist der Mythos »Ostfrau«, der uns von der selbstbewussten, pragmatischen und anpassungsfähigen Frau erzählt, die sich überproportional häufig unter denjenigen Ostdeutschen befindet, die es heute in Führungspositionen geschafft haben.[3] Die erste Frau, die es 2005 ins Bundeskanzleramt schaffte, ist Dr. Angela Merkel. Sie ist in Brandenburg (DDR) aufgewachsen.

Erst acht Jahre nach Gründung der Bundesrepublik Deutschland, also 1957, durfte eine Frau erstmals ohne die Erlaubnis ihres Ehemannes einer Berufstätigkeit nachgehen. Diese musste mit den Pflichten als Haus- und Ehefrau vereinbar sein (§ 1356 Abs. 1 BGB a. F.). Also eine Arbeit mit niedrigem Status, die der modernen Frau ihre Doppel- und Dreifachbelastung aus Arbeit, Haushalt und Familie ermöglichen soll. Eindrucksvoll wird diese Geschichte der perfekten Ehe- und Hausfrau im 1954 ausgestrahlten Werbefilm des Nahrungsmittelkonzerns Dr. Oetker erzählt, aus dem das bekannte Zitat »Eine Frau hat zwei Lebensfragen: Was soll ich anziehen und was soll ich kochen?« stammt.[4]

Noch bis 1977 konnte der Ehemann das Arbeitsverhältnis seiner Frau kündigen. Die Verwaltung des Geldes und große Anschaffungen waren Männersache. Frauen durften Geld nur für Dinge des alltäglichen Bedarfs ausgeben. 1980 wurde gesetzlich verankert, dass Frauen und Männer das gleiche Geld für die gleiche Arbeit erhalten. Heute, über 40 Jahre später, herrscht in Deutschland ein »Lohndelta«, die →*Gender Pay Gap*, in Höhe von 19 Prozent zwischen Männern und Frauen.[5]

Viele Verbände und Initiativen werben heute für »Chancengleichheit am Arbeitsmarkt«, »Stärkung der Frau in Wirtschaft und Beruf« und »Lohngleichheit«. Der Gesetzgeber schreibt eine Frauenquote im Aufsichtsrat von Aktiengesellschaften vor und verabschiedete 2016 das →*Entgelttransparenzgesetz*.

Dennoch ist und bleibt die →*Gender Pay Gap* in unserer Gesellschaft, und auch weltweit, umstritten. Die Frage nach Lohngerechtigkeit wird gern mit der Ausrede weggewischt, dass Frauen sich oft in »typischen Frauenberufen« bewegen und familienbedingte Berufspausen einlegen. Dagegen spricht die bereinigte →*Gender Pay Gap*: Frauen verdienen in gleicher Position und bei gleicher Tätigkeit durchschnittlich 6 Prozent weniger als Männer,[6] was, verglichen mit vielen mir bekannten Fällen, einem traumhaften Verhältnis gleichkommt. Statistik eben.

Zufälligerweise stolperte ich vor einiger Zeit über eine Onlinekampagne einer Bank, die meine Aufmerksamkeit erregte. Thema: Altersvorsorge, Zielgruppe: Frau. Die Botschaft: »Die Gender Pay Gap ist die kleine Schwester der Gender Pension Gap.« Nur wenige Tage später habe ich die Anzeige nicht mehr gefunden, ich hätte sie mir abspeichern sollen! Vielleicht war sie der Geschäftsführung des Hauses zu hart, zu direkt, zu krass formuliert. Ich finde sie treffend, denn der geringere Verdienst während ihres Erwerbslebens mündet für viele Frauen in die Altersarmut. Sie zahlen weniger in die gesetzliche Rentenversicherung ein, erwerben somit weniger Rentenansprüche und haben weniger finanziellen Spielraum für den Aufbau einer privaten Altersabsicherung.

Schon heute klafft zwischen den männlichen und den weiblichen Rentenbeziehern die riesige Lücke von 53 Prozent (Antwort der Bundesregierung auf eine Anfrage der Grünen-Fraktion 2017).[7]

Wenn das Gleichbehandlungsgesetz es nicht schafft, für Lohngerechtigkeit zwischen Mann und Frau zu sorgen, wenn die Politik sich in Endlosdiskussionen verrennt, statt zu handeln, und wenn der →*Equal Pay Day* nur ein Tag wie jeder andere im Nachrichtendschungel ist, wer soll es dann hinkriegen?

Wir Frauen!

Doch häufig fehlt uns eine realistische Einschätzung des »richtigen« Gehalts. Darüber hinaus machen uns unsere eigenen Ängste einen Strich durch die Rechnung. Geht es um andere Menschen, um Gerechtigkeit oder den nächsten Urlaub, sind wir die besten Verhandlungskünstlerinnen. Doch sobald es darum geht, für uns selbst einzustehen, unsere Leistungen anzuerkennen und für diese eine entsprechende Kompensation einzufordern, werden wir kleinlaut. Es mangelt am nötigen Selbstvertrauen.

Mit über 1.500 Frauen habe ich im offenen Austausch diskutiert, die verrücktesten Geschichten geteilt, Ängste thematisiert und im Coaching verborgene Glaubenssätze zum Thema Geld aufgedeckt und aufgelöst. Noch immer haben wir zu Geld- und Gehaltsfragen eine mentale Einstellung, die durch unsere Erziehung und Sozialisierung geprägt ist und von starken Berührungsängsten zeugt.

Erst seit 1962 dürfen Frauen ein eigenes Bankkonto eröffnen. Diese kurze Tradition im Umgang mit Geld sorgt heute noch dafür, dass Frauen sich in Finanzfragen unsicher fühlen, sich eher auf den Partner verlassen und Geld weniger chancenorientiert anlegen. Dies kann ich nach über zwanzig Jahren Erfahrung in der Finanzbranche bestätigen. Wie soll es vor diesem Hintergrund gelingen, souverän ein gutes Gehalt für sich selbst zu verhandeln?

Bei der Gehaltsverhandlung geht es nicht »nur« um mehr Geld, es geht um den Wert, den ich in mir selbst sehe, den ich im Job einbringe und für den ich einstehe. Es ist eine Frage der Wertschätzung. Nur wenn ich mich selbst wertschätze, werde ich auch von außen Wertschätzung erfahren.

In diesem Buch stecken meine Erfahrungen, Erlebnisse und die Essenz aus vielen Tausend Beratungsgesprächen in der Finanzdienstleistungsbranche und aus meiner Coachingpraxis. Ich freue mich, wenn ich einen Teil dazu beitragen kann, dass wir Frauen noch selbstbewusster in Gehalts- und Geldfragen werden und mit fundierter Vorbereitung und sicherer Haltung in die nächste Gehaltsverhandlung gehen. Wir sollten nicht länger auf Hilfe von außen warten oder uns auf den Gesetzgeber verlassen. Wir haben es selbst in der Hand, wenn wir wollen. Packen wir es an!

2

Frauen verdienen weniger – Status quo oder selbsterfüllende Prophezeiung?

Alle Jahre wieder wird mit dem →*Equal Pay Day* auf den Verdienstunterschied zwischen Mann und Frau hierzulande (und weltweit) aufmerksam gemacht. Das Statistische Bundesamt ermittelt mit der →*Gender Pay Gap* jährlich die Differenz des durchschnittlichen Bruttostundenverdienstes von Männern und Frauen im Verhältnis zum Bruttostundenverdienst der Männer. Dabei wird die unbereinigte von der bereinigten →*Gender Pay Gap* unterschieden.

Die unbereinigte und die bereinigte Gender Pay Gap

Die unbereinigte →*Gender Pay Gap* vergleicht den Durchschnittsverdienst aller Arbeitnehmerinnen und Arbeitnehmer ganz allgemein miteinander. Hier fließt mit ein, dass Frauen schlechtere Zugangschancen zu bestimmten Berufen oder Karrierestufen haben und häufiger in Teilzeitarbeitsverhältnissen beschäftigt sind. So weit, so nachvollziehbar. Wenn ich das durchschnittliche Gehalt der Gruppe aller Hausmeister – oder neudeutsch Facility Manager – mit dem durchschnittlichen Gehalt der Gruppe aller Geschäftsführerinnen und Geschäftsführer vergleiche, werde ich ebenfalls ein Gehaltsdelta als Ergebnis erhalten. Das ist nachvollziehbar.

Weniger nachvollziehbar ist folgendes Fundstück, das mir beim Aufräumen meines Rechners wieder »in die Hände« beziehungsweise vor die Augen fiel. Als ich damit begann, mich mit

Gehaltsverhandlungen für Frauen auseinanderzusetzen, stieß ich auf folgende Daten aus dem Jahr 2006: Diese Verdienststrukturerhebung, Leistungsgruppe 3, zeigt die Entlohnung pro Arbeitsstunde.[8]

Chemiebetriebswerker/-in Mann: 19,54 Euro Frau: 14,79 Euro	Koch/Köchin Mann: 12,35 Euro Frau: 10,52 Euro
Verkäufer/-in Mann: 14,45 Euro Frau: 10,96 Euro	Bankfachleute Mann: 17,50 Euro Frau: 15,52 Euro
Krankenschwester/-pfleger Mann: 16,45 Euro Frau: 15,17 Euro	Arzt/Ärztin Mann: 21,83 Euro Frau: 17,60 Euro

Demnach bestimmt allein das Geschlecht darüber, dass der Stundenlohn von Frauen zum Teil erheblich geringer als der von Männern ausfällt. Eine aktuellere Verdienststrukturerhebung des Statistischen Bundesamtes aus dem Jahr 2018 weist immerhin eine bereinigte →*Gender Pay Gap* von 6 Prozent aus.[9]

Diese statistische Größe, die bereinigte →*Gender Pay Gap*, gibt den Verdienstunterschied zwischen Frauen und Männern mit vergleichbaren Qualifikationen, Tätigkeiten und Erwerbsbiografien wieder, also den Verdienstunterschied im gleichen Job.[10]

Das echte Leben

Die statistischen Daten offenbaren das eine Bild. Ein anderes Bild liefert das echte Leben. Hier kann von einer bereinigten →*Gender Pay Gap* von bis zu 30 Prozent und mehr gesprochen werden. Dabei möchte ich die bereinigte →*Gender Pay Gap*, die auf die statistische Größe referenziert, lieber in »die erlebte Gender Pay Gap« oder noch besser, »die echte Gender Pay Gap« umtaufen. Selbst vor dem akademischen Titel Professorin macht die →*Gender Pay Gap* nicht halt. Professorinnen erhalten monatlich im Schnitt 650 Euro weniger als ihre männlichen Kollegen, wie aus dem Besoldungsranking des Deutschen Hochschulverbands hervorgeht (Dezember 2018).[11]

Wie kommt das zustande? Wenn selbst in Berufen mit Gehaltsgefügen, die auf einer klar definierten Tarifstruktur basieren, Gehaltsunterschiede in derselben Entgeltgruppe, im zitierten Fall der Professorinnen der W3-Besoldungsgruppe, festzustellen sind, muss es noch eine andere, frei verhandelbare Komponente geben, die von Frauen weniger bis gar nicht genutzt wird. (Zu Verhandlungsmöglichkeiten in tarifgebundenen und -anwendenden Unternehmen findest du mehr in Kapitel 5 unter **Der Tarifvertrag: Die Eingruppierung und Einstufung verhandeln? Ja bitte!**)

Gehen wir mal einen Schritt zurück. Untersuchungen zeigen, dass sich Frauen schon beim Einstiegsgehalt erheblich verschätzen und im Vergleich zu ihren männlichen Kollegen ein viel niedrigeres Gehalt erwarten. Sie »verkaufen sich unter Wert«, wie es so schön heißt. Zum Berufsstart erwarten Frauen 12.000 Euro weniger Jahresgehalt als Männer, wie eine Studie, für die e-fellows.net und McKinsey über 7.000 Toptalente unter Studierenden, Absolventen und Berufseinsteigerinnen verschiedenster Fachrichtungen befragte, zeigt. Danach erwarten Männer im Schnitt ein Einstiegsgehalt von 62.000 Euro und ziehen eine leistungs- und erfolgsabhängige, außertarifliche Vergütung mit klarem Fokus auf eine hohe Führungsposition vor. Frauen geben sich mit 50.000 Euro zufrieden und nur 56 Prozent von ihnen wünschen sich eine hohe Führungsposition.[12]

Es bleibt nicht allein beim »Verkaufen unter Wert«. Die damit einhergehende und in vielen Frauenköpfen manifestierte Haltung des Verzichtens oder Zurückstehens offenbart sich in Krisensituationen ganz besonders, wie die weltweite COVID-19-Pandemie, in deren 15. Monat seit ihrer offiziellen Erklärung zur weltweiten Pandemie ich mit dem Schreiben dieses Buches begann. Als viel zitiertes Brennglas legt diese Krisensituation einmal mehr das gesamtgesellschaftliche Ungleichgewicht zuungunsten der weiblichen Bevölkerung offen. Frauen sind es, die größtenteils in »systemrelevanten« Berufen arbeiten und die Zeiten des Lockdowns für alle erträglicher gestalten. Sie managen die Familie, betreuen die Kinder beim zu Hause stattfindenden Schulunterricht und verzichten zugunsten der Familie auf ihre nächsten Karriereschritte. Die Hans-Böckler-Stiftung spricht in diesem Kontext schon von einem Rückschritt durch Corona.[13]

Die selbsterfüllende Prophezeiung und das Rollenbild der Frau

Woher kommt diese Zurückhaltung, wenn es um das eigene Vorankommen, um das Zugeständnis einer Wertigkeit der eigenen Leistungen geht? Ist es die sprichwörtliche selbsterfüllende Prophezeiung (»So viel werde ich niemals bekommen!«, »Mein Chef wird sowieso Nein sagen.«)? Oder ist es die Erfüllung eines immer noch von der Gesellschaft erwarteten und in den Köpfen vieler Menschen verankerten Rollenbildes der Frau? Ebenjenes Rollenbildes, das sie bestenfalls als erfolgreiche Familienmanagerin sieht und ihr eine CEO-Position nicht zutraut? Einer Rolle, die ihr die harte, durchsetzungsstarke Verhandlungspartnerin nicht abnimmt und schon gar nicht zugesteht? Müssen wir immer die einfühlsame, höfliche und zurückhaltende Gesprächspartnerin geben? Stets diplomatisch, stets »sittsam, bescheiden und rein«, wie wir es beim Blick in unsere alten Poesiealben verewigt finden?

Tatsächlich gelten Frauen, wenn sie hart verhandeln, als unhöflich oder zu »bossy«. Sie scheinen sich in einem klar abgesteckten, stereotypen Rahmen bewegen zu müssen, dem sie nur schwer entkommen können. Unbewusst läuft ein Gedankenfilm dazu in ihren Köpfen ab: »Bloß nicht zu forsch auftreten, nachher wirke ich unsympathisch.« Es scheint, als würden Frauen die Konsequenzen aus einem zu bestimmend wirkenden Auftreten regelrecht vorwegnehmen, weil sie genau wissen, welches Bild dazu in den Köpfen der Gesellschaft immer noch dominierend ist. Daran richten sie ihr Verhalten gerade in Verhandlungssituationen aus. Sie fokussieren zu stark auf die Beziehungsebene und tendieren dazu, schneller nachzugeben. Das Ergebnis ist eine verlorene Verhandlung (mehr dazu in Kapitel 14 **Die Psychologie des Verhandelns**).

Hinzu kommen tief verwurzelte Ängste. Oft erlebe ich bei meinen Klientinnen eine regelrechte Angst vor dem Verhandeln. Allein der Gedanke daran, nach mehr Gehalt fragen zu können, löst Unwohlsein aus. Dahinter steckt die Angst vor Auseinandersetzung und vor Zurückweisung. Auch die Angst, nicht gut genug zu sein, es nicht wert zu sein oder vor zu großen Zahlen kommt vor. Die Frage, die mir in diesem Zusammenhang immer wieder von Frauen gestellt wird und die das offenbart, lautet: »Was, wenn ich zu viel verlange?«

Diese Gemengelage in unseren Köpfen sorgt dafür, dass wir glauben, wir müssten uns mit dem zufriedengeben, was ist, einfach unsere Arbeit verrichten, am besten noch mehr Aufgaben annehmen und »bloß nicht unangenehm auffallen«.

Wir können verhandeln – wenn wir wollen

Am Verhandlungsgeschick selbst liegt es nicht, dass wir Frauen schlechter abschneiden. Auch wenn Studien, wissenschaftliche Experimente und Erhebungen immer wieder das Gegenteil zeigen. Auf den ersten Blick verbuchen Männer die besseren monetären Ergebnisse in Verhandlungen für sich. Tendenziell sind Frauen jedoch stärker darin, ein kooperatives Klima zu schaffen. Ihnen gelingt es, mit dem Verhandlungspartner auf Augenhöhe zu kommunizieren, wie das Experiment »Battle of the Sexes I« der Universität Hohenheim zeigt.[14] Dies ist für eine langfristige, vertrauensvolle und kooperative Beziehung tragender als ein kurzfristig gewonnener Verhandlungspoker. Gleichzeitig erzielen Frauen genauso gute Verhandlungsergebnisse wie Männer, wenn es in der Verhandlungssituation um eine andere Person geht. Das zeigt zum Beispiel ein

Experiment an der Universität Texas, in dem Männer und Frauen ein Einstiegsgehalt zunächst für sich selbst und dann, im zweiten Durchgang, für eine andere Person verhandeln sollten.[15] Die Kunst ist demnach, gedanklich das Verhandlungsthema »Gehalt/Preis/ Honorar« oder »die Weiterentwicklung im bestehenden Arbeitsverhältnis« von sich selbst als Person zu lösen und vorzugeben, die Kompensation für eine andere Person zu verhandeln. Darüber hinaus ist es augenöffnend, sich über die eigene Haltung zu Geld bewusst zu werden. Denn wie wir zu Geld stehen und wie wir es selbst begreifen, wirkt sich nicht nur auf das Ergebnis unserer Gehaltsverhandlungen aus, sondern beeinflusst entscheidende Schritte in unseren Karrieren und damit unseren Lebensweg. Mehr dazu in Kapitel 9 **Die eigene Einstellung zu Geld: Bin ich es mir wert?**

3

Die Vorbereitung auf die Gehaltsverhandlung ist ein ganzheitlicher Prozess

Was genau ist es, das die Gehaltsverhandlung zu diesem Schreckensgespenst in unseren Köpfen heranwachsen lässt? Und woher kommt es, dass wir sie gedanklich auf einen unerreichbar hohen Sockel hieven?

Eine Verhandlung ist eine Konfliktsituation. Und bei der Gehaltsverhandlung wird es pikant: Arbeitnehmerin und Arbeitgeber stehen in einem Abhängigkeitsverhältnis zueinander. Als Arbeitnehmerin befindest du dich in sozialer Abhängigkeit (im Unterschied zur Selbstständigkeit) und unterliegst den Weisungen deines Arbeitgebers, arbeitsrechtlich Direktionsrecht des Arbeitgebers genannt. Für deine erbrachten und zu erbringenden Leistungen wirst du mit Geld (und gegebenenfalls zusätzlich mit Sachleistungen) bezahlt. Und diese vertraglich vereinbarte Komponente, nämlich das Gehalt, wird in der Gehaltsverhandlung grundsätzlich oder neu verhandelt.

Wenn du selbstständig tätig bist, kommt als Herausforderung hinzu, dass du deine Honorare oder Preise direkt mit dem Kunden oder dem Auftraggeber verhandeln musst. Hier gibt es keinen vorgegebenen Rahmen in Form des Gehaltsgefüges eines Arbeitgebers, und bei einem Preis, der dem Auftraggeber nicht »schmeckt«, ist die Konsequenz ganz simpel: kein Auftrag, keine Einnahmen. Wie du mit dieser herausfordernden Situation umgehen kannst, erfährst du in Kapitel 7 unter **Als Selbstständige deinen Preis oder dein Honorar verhandeln.**

Es geht bei der Gehalts- oder Honorarverhandlung also um deine Arbeitsleistung, die du mit deinem Wissen und Können (und gegebenenfalls mithilfe von Betriebsmitteln des Arbeitgebers) erbringst, und die daraus resultierenden messbaren Ergebnisse. Und es geht um die Kompensation dafür. Kurz: Es geht um dich, um deine Leistung und ums Geld! Hier kommen mehrere Themen zusammen, die schon für sich gesehen unangenehm sein können und bisweilen negativ in unseren Köpfen konnotiert sind.

Was also tun? Einfach nur selbstbewusst genug deine Gehaltsvorstellung oder deinen Gehaltswunsch dem Verhandlungspartner kommunizieren, wie du es wahrscheinlich schon häufig gelesen oder gehört hast? Einfach ein paar gute Argumente zurechtlegen, die besten drei oder fünf herausarbeiten, immer ein »Ass im Ärmel« bereithalten? Immer schön souverän bleiben? Wenn das doch nur so einfach wäre!

Wie kannst du konkret an einem selbstbewussten Auftreten arbeiten? Und wie überwindest du deine Ängste vor der Konfrontation in der Verhandlungssituation? Wie leitest du eine Zahl, einen Wert für deine Arbeitsleistung ab? Und, Hand aufs Herz, helfen dir auswendig gelernte Phrasen und Formulierungen, wenn sie gar nicht zu dir passen oder du dich damit unwohl fühlst? Wenn meine Klientinnen zu mir kommen, möchten sie nicht nur ihr Ziel, den nächsten Gehaltssprung, die erfolgreiche Bewerbung oder ihre Weiterentwicklung im Job besprechen, sondern sie möchten verstehen, warum sie an bestimmten Punkten in ihrem Leben stehen und was dahintersteckt.

Der Aufbau des Buches und wie du es nutzen kannst

In diesem Buch kannst du dem Grundgedanken meiner Idee eines ganzheitlichen Konzepts zur fundierten Vorbereitung auf die Gehaltsverhandlung folgen. Du findest eine Aufteilung in die vier Hauptteile **INFORMATIONEN HOLEN, KLARHEIT GEWINNEN, EINSTELLUNG ÜBERPRÜFEN** und **HALTUNG HABEN.**

INFORMATIONEN
HOLEN
MARKTWERT
GEHALT
ARBEITGEBER

KLARHEIT
GEWINNEN
EIGENE SITUATION
STRATEGIE & ZIELE

HALTUNG
HABEN
BEWERBUNG
VERHANDLUNG
SPRACHE &
KÖRPERSPRACHE

EINSTELLUNG
ÜBERPRÜFEN
GELD
AUTORITÄTEN
VERHANDLUNG

MACHE DIE
VORBEREITUNGEN
AUF DEINE NÄCHSTE
VERHANDLUNG RUND.

Du kannst die einzelnen Kapitel der Reihe nach durchgehen oder sofort zu den Themen springen, die dir in deiner Situation gerade sehr dringend und wichtig erscheinen. In manchen Kapiteln findest du Fragen, die dich bei deinen Überlegungen unterstützen und dir als Reflexionsmoment dienen. Sie sind mit 🔆 gekennzeichnet.

Zudem gibt es die ein oder andere nacherzählte Geschichte. Das können Ausschnitte aus Gesprächen, Rückmeldungen oder Fälle aus meiner Praxis sein. Sie sind verfremdet und anonymisiert, um die Privatsphäre meiner Klientinnen zu schützen. Was sie nicht sind: unecht oder erdacht, denn das deckt sich nicht mit meinen Werten. Auf der einen Seite können diese Geschichten dir als Beispiel dienen, auf der anderen Seite zeigen sie, wie vielfältig das Leben ist. Denn jedes Arbeitsverhältnis und jede Verhandlungssituation ist individuell. Auch das Ergebnis jeder Verhandlung ist ein anderes. Deshalb sei hier erwähnt, dass ich kein »Geheimrezept« und keine

»Top-3-Argumente« aus dem Ärmel schütteln werde, denn wir haben es, egal wo wir sind, arbeiten und wirken, immer mit anderen Menschen zu tun. Und jeder Mensch hat seine eigene Persönlichkeit und neben seinen Befindlichkeiten auch seine Beweggründe, wie individuelle Erfahrungen, Sorgen, Hoffnungen, Ziele und Wünsche, die subjektiv seine Sicht auf die Dinge untermauern. Das macht die zwischenmenschliche Kommunikation – die Gehaltsverhandlung ist eine Gattung der Kommunikation – und das gemeinsame Arbeiten ja so herausfordernd, interessant und spannend!

In diesem Sinn möchte ich dich für die zwischenmenschliche Kommunikation sensibilisieren und dir hierzu mitgeben, wie wertvoll es sein kann, wenn du in deinen künftigen Gesprächen und Verhandlungen auf ein paar Feinheiten achtest. Zudem möchte ich dich ermutigen, dich mit der Schranke in deinem Kopf zu Geld und Gehalt zu beschäftigen, sie beiseitezuschieben, um den nächsten Schritt gehen zu können. Nimm dieses Buch gern als Anregung mit in deine Vorbereitung. Verstehe es als Aufforderung, dich mit dir und deinen Zielen zu beschäftigen, deinen Standpunkt zu hinterfragen, dich zu trauen, nach mehr zu fragen, und dich zu verändern, wenn du es willst. Denn die Vorbereitung auf die Gehaltsverhandlung ist ein ganzheitlicher Prozess.

TEIL I:
INFORMATIONEN HOLEN

4

Der eigene Marktwert – was ist das eigentlich?

Es klingt ökonomisch, und das ist es im Grunde genommen auch. Im Bereich der Personalwirtschaft sprechen wir von Human Resources oder Human Capital, wobei sich über die Wahl der Begriffe sicher diskutieren ließe. Diese Begriffe beschreiben den Wert der Personalausstattung und somit jedes einzelnen Mitarbeiters im Unternehmen. Demzufolge bringst du als Mitarbeiterin im Unternehmen oder als Bewerberin auf einen Job einen Wert ein. Das ist dein individueller Marktwert, der sich aus mehreren Komponenten zusammensetzt. Dazu gehören:

- deine Ausbildung mit dem eigenen Wissen und Können
- deine bisherige Berufserfahrung und die herausgebildeten fachlichen Kompetenzen
- deine Talente, Stärken und Schwächen
- deine sozialen und personalen Kompetenzen
- deine persönlichen Werte und Antreiber
- deine Risikobereitschaft, zum Beispiel die Bereitschaft, die eigene Komfortzone zu verlassen

Hard Skills: Qualifikation, Erfahrung, Kenntnisse

Die Qualifikation ist mit der (abgeschlossenen) Ausbildung oder dem (absolvierten) Studium recht klar abgesteckt. Bei den Erfahrungen sind neben den beruflichen Stationen auch die Erfahrung im Ehrenamt, die Tätigkeit als Trainerin im Sportverein, als Schulsprecherin oder Praktika oder Nebenjobs relevant, gerade wenn hierdurch interessante Kompetenzen, die im Job gebraucht werden, erworben oder fein geschliffen worden sind. Eine Trainerin kann gut auf die individuellen Stärken und Schwächen einzelner Menschen eingehen, motiviert und begleitet das Team, fordert es und baut es bei Niederlagen wieder auf. Das sind Kompetenzen, die eine gute Führungspersönlichkeit ausmachen. Jemand im Ehrenamt hat vielleicht gelernt, zu organisieren und ressourcenschonend zu planen. Wer neben dem Studium in der Gastronomie oder im Verkauf gearbeitet hat, kann gut mit Menschen und deren Bedürfnissen umgehen, ist eher kommunikationsstark und daher gut in Vertriebspositionen untergebracht.

Fachliche Kompetenzen sind Fertig- und Fähigkeiten, die du im Rahmen einer Ausbildung, eines Studiums oder über Fort- und Weiterbildungsmaßnahmen erwerben und vertiefen kannst. Dazu gehören:

- technisches Wissen und Kenntnisse
- Sprachkenntnisse
- IT-Kenntnisse
- Kenntnisse in der Gestaltung von Webseiten
- Marktkenntnisse
- spezifische Branchenkenntnisse

Methodische Kompetenzen beschreiben, wie du deine Kenntnisse anwendest und umsetzt. Darunter fallen:

- das freie Reden vor Gruppen
- Arbeitsplanung
- analytisches Denken
- systematisches Aneignen von Wissen
- strukturierte Arbeitsweise
- Anwendung von Lehrmethoden
- Zeitmanagement

Soft Skills: Mit personalen und sozialen Kompetenzen glänzen

Die sozialen und personalen Kompetenzen gehen in den Bereich der Persönlichkeit und beschreiben, wie wir mit anderen Menschen interagieren und kommunizieren und wie wir in neuen, ungewohnten Situationen, wie Konflikten oder Krisen, reagieren.

Es lohnt sich, sich hiermit genauer auseinanderzusetzen, zumal manche Unternehmen bereits erkannt haben, dass soziale Kompetenzen, die Soft Skills, in unserer heutigen →*VUCA*-Welt zunehmend wichtiger werden, um den Herausforderungen der Digitalisierung und Transformation gerecht werden zu können. In manchen Konzernen werden diejenigen Mitarbeiter für Führungspositionen weiterentwickelt, die neben der fachlichen Qualifikation vor allem die passenden sozialen und personalen Kompetenzen aufweisen.

Personale Kompetenzen:

- Ausdauer
- Frusttoleranz
- Begeisterungsfähigkeit
- Entscheidungsfreude
- Ehrgeiz
- Resilienz
- Verantwortungsbereitschaft

Soziale Kompetenzen:

- Einfühlungsvermögen, Empathie
- Kommunikationsstärke
- Durchsetzungsstärke
- Führungskompetenz
- Konfliktfähigkeit

- Verhandlungskompetenz
- Teamfähigkeit
- interkulturelle Kompetenz

💡 Folgende Fragen können dich dabei unterstützen, deine sozialen und personalen Kompetenzen herauszuarbeiten:
- Was macht einen guten Arbeitstag für mich aus?
- Und worüber ärgere ich mich im Job am meisten?
- Umgebe ich mich gern mit anderen Menschen?
- Arbeite ich oder gestalte ich gern etwas gemeinsam mit anderen Menschen?
- Was unterscheidet mich möglicherweise von anderen, die den gleichen oder einen vergleichbaren Job ausüben?
- Worin sehen die Menschen, die mich gut kennen, meine Stärken?
- Worin sehen gute Freunde meine Schwächen?
- Was schätzen meine Arbeitskollegen an der Zusammenarbeit mit mir?

Persönliche Werte und Antreiber

Wenn du deine eigenen Werte und Antreiber kennst, kannst du diese in Verbindung mit deiner fachlichen Expertise und Erfahrung gezielt für dein Vorankommen einsetzen.

💡 Außerdem bieten dir deine Werte eine gute Orientierung, um deine aktuelle oder künftige Situation zu hinterfragen:
- Stimmt das, was ich tue, mit meinen Werten überein?
- Stehe ich hinter meiner Aufgabe?
- Erfüllt mich meine Arbeit, gibt sie mir Energie?
- Fällt mir das, was ich tue, leicht?

- Habe ich das Gefühl, mich dazu überwinden zu müssen, meine Aufgaben zu erledigen?
- Fühlt sich das, was ich jeden Tag tue, energieraubend an?

Idealerweise passen deine Wertvorstellungen zu denen des jetzigen oder künftigen Arbeitgebers (mehr dazu in Kapitel 6 **Der aktuelle oder der künftige Arbeitgeber: Passen wir zusammen?**).

Was sind Werte? Werte sind Prinzipien, nach denen wir unser Leben ausrichten oder es weitestgehend versuchen. Wir verbinden damit Eigenschaften, Qualitäten oder Emotionen, die wir als erstrebenswert betrachten und die uns Sinn oder Orientierung in unserem Tun und Handeln geben. Sie stellen für uns somit ein Ideal dar, das auf unserer eigenen, subjektiven Betrachtung aufbaut. Deshalb sprechen wir auch von Wertvorstellungen.

Auch die meisten Unternehmen – egal ob Kleinunternehmen oder Konzern – definieren Werte. Diese sogenannten Unternehmenswerte finden wir in den Unternehmensleitlinien auf der Webseite oder in Hochglanzbroschüren des Unternehmens abgedruckt. Sie werden nach außen und innen kommuniziert und dienen der Unternehmensführung und den Mitarbeitern als Handlungsorientierung, Verhaltensmaßstab und Entscheidungsgrundlage. Im Idealfall werden sie ernst genommen und auch gelebt. Dann handelt das Unternehmen im Einklang mit seinen Werten.

Warum erwähne ich dies an dieser Stelle? Die Unternehmenswerte haben Auswirkung auf Entscheidungen im Unternehmen und somit auch auf die Auswahl der Mitarbeiterinnen und Mitarbeiter. Damit schließt sich der Kreis. Kennst du deine eigenen Werte, so kannst du diese gezielt nutzen, um dich im Vorstellungsgespräch oder bei der Gehaltsverhandlung entsprechend zu positionieren.

Oft sind wir uns unserer Werte nicht bewusst. Sobald jedoch einer unserer Werte verletzt wird, fühlen wir uns unwohl, »laufen vor der

Situation weg« und entwickeln Vermeidungsstrategien. Du kannst es in Situationen feststellen, in denen du zum Beispiel bestimmten Menschen aus dem Weg gehst oder Themen nicht ansprichst. Du »schluckst« Ungereimtheiten »runter«. Wie in einem unsichtbaren Rucksack trägst du diese Erfahrungen oder Erlebnisse mit dir herum, bis du in einer ganz anderen Situation plötzlich intensiv reagierst. Dadurch bietest du, gewollt oder ungewollt, Konflikten einen Nährboden.

💡 Folgende Fragen können dir helfen, dir deiner Werte bewusst zu werden:
- Was ist mir in meinem Leben wichtig?
- Welche Aufgabe erfüllt mich besonders und warum?
- Was schätze ich an den Menschen, mit denen ich gern Zeit verbringe?
- Was möchte ich mit meinem Tun erreichen?

💡 Mithilfe von Reflexionssätzen kannst du deine Werte herausarbeiten, indem du folgende Satzanfänge ergänzt:
- Mich macht es richtig glücklich, ...
- Mir ist es wichtig, ...
- Wenn ich nie mehr für Geld arbeiten bräuchte, würde ich ...
- Ein Leben ohne ... wäre für mich nur halb so schön.

Beispiele:
> ... dazu beizutragen, dass es den Menschen, die mir wichtig sind, gut geht.
> ... eine gute Karriere zu machen.
> ... meinen Kindern eine gute Ausbildung zu ermöglichen.
> ... viel Geld zu verdienen.
> ... zum nachhaltigen Umgang mit Ressourcen beizutragen.
> ... etwas Sinnstiftendes zu tun.

Um die eigenen Werte zu bestimmen, kann es helfen, verschiedene Lebensbereiche genauer anzusehen:
- Beziehungen
- Beruf
- Gesundheit
- Finanzen
- Freizeit

Im Bereich des Berufs kann die Antwort auf die Frage »Was macht einen guten Arbeitsalltag für mich aus?« zum Beispiel lauten: »Wenn ich Neues gelernt habe, Sinnvolles tue, erfolgreich an Lösungen mitgewirkt habe und jemandem weitergeholfen habe.«

Daraus können für den Bereich »Beruf« folgende Werte abgeleitet werden:
- Veränderung
- Kollegialität
- Hilfsbereitschaft
- Offenheit
- Neugier
- Zielorientierung

Grundsteine für das eigene Wertegerüst werden schon sehr früh durch das individuelle soziale Umfeld (Familie, Erziehung) gelegt. Die eigenen Werte können sich durch spätere Erfahrungen (Freundeskreis, Lehrende, Trainerinnen, der erste Chef) verändern. Durch persönliche Erfahrungen können neue Werte hinzukommen oder bisherige Werte wegfallen.

Um eine Gewichtung deiner eigenen Werte abzuleiten, kann es dir helfen, die Werte auf einer Skala von 0 (= dieser Wert ist mir nicht so wichtig) bis 10 (= dieser Wert ist mir ganz besonders wichtig) gedanklich zu sortieren oder schriftlich festzuhalten. Hierdurch gewinnst du für dich eine gute Übersicht und Klarheit über deinen eigenen Wertekanon.

Die berühmte Extrameile: Was macht mich aus?

Jeder Mensch bringt durch das Zusammenspiel seiner Kompetenzen, Erfahrungen und Werte das »gewisse Extra« mit, das gerade ihn für eine Aufgabe im Unternehmen qualifiziert. Weißt du, wofür du stehst und warum das Unternehmen gerade dich einstellen sollte, dir mehr Gehalt zahlen oder dich bei der nächsten Beförderung berücksichtigen sollte? Und bist du bereit, auch mal eine Schippe draufzulegen, wenn es darauf ankommt? Ist auch mal die ein oder andere Überstunde drin, wenn das Projekt in der heißen Phase ist und termingerecht abgewickelt werden muss? Fühlen sich die Kunden bei dir fachlich top beraten und menschlich gut aufgehoben?

Darüber hinaus ist es augenöffnend, sich einmal genauer mit sich selbst und den eigenen (Lebens-)Zielen zu beschäftigen. Ich möchte dir das Bild eines Leuchtturmes mitgeben: Stelle dir vor, dein Wissen und Können, dein Wirken, deine Erfahrung und das, wofür du stehst, sind ein Leuchtturm. Leuchttürme stehen auf einem Fundament, haben eine bestimmte Höhe, um weithin sichtbar zu sein, und sorgen mit ihrem Leuchtfeuer für Orientierung. Fragst du Menschen, die zur See gefahren sind, so wirst du hören, dass der Leuchtturm für Heimat, Sicherheit, Geborgenheit, Familie, Verständnis und Orientierung steht. In diesem Sinn, wie sieht dein Leuchtturm aus?

Deine Qualifikation bildet das Fundament. Je stabiler und fester das Fundament, umso besser hält der Leuchtturm der stürmischen See stand. Das Wasser und die Gischt prallen an der Höhe des Leuchtturmes (deiner Erfahrung) ab, und je höher der Leuchtturm, umso besser ist dieser zu sehen. Deine Motivation, das, wofür du brennst, steuert die Halogen-Metalldampflampe, die für das Leuchtfeuer sorgt. Das Leuchtfeuer ist weithin sichtbar. Es ist das, was du einbringst und was dich auszeichnet.

Wofür stehst du?

DEINE MOTIVATION:
WOFÜR BRENNST DU?
WAS SORGT FÜR DIE ENERGIE DEINES LEUCHTFEUERS?

DEINE LEISTUNG:
WAS BRINGST DU EIN?
WAS MACHT DEIN LEUCHTFEUER SICHTBAR?

DEINE ERFAHRUNG:
DIE HÖHE DES LEUCHTTURMS
STEHT FÜR DEINE ERFAHRUNGSWERTE,
DEINE FEINGESCHLIFFENE KOMPETENZ.

DEIN WISSEN:
QUALIFIKATION,
TALENTE,
KOMPETENZEN.
JE MEHR DU MITBRINGST,
DESTO STABILER IST
DAS FUNDAMENT.

 Lust, selbst kreativ zu werden? Nimm ein Blatt Papier und male oder zeichne deinen eigenen Leuchtturm. Ergänze die Punkte Wissen, Erfahrung, Motivation und Leistung um deine Angaben.

5

Das Gehalt und die geldwerten Vorteile

Informationen zu Gehältern recherchieren: Wer? Wo? Was? Und wie viel?

Noch nie war es so leicht wie heute, Informationen zu Gehältern zu erhalten. Dazu gibt es gute Plattformen im Netz, die zur Gehaltsrecherche genutzt werden können. Du kannst nach Begriffen wie »Gehaltsvergleich« und »Gehaltsstatistik« suchen oder die Frage »Was verdient ein (Zielberuf)?« in die Suchmaschine eingeben. Ein paar Beispiele online und offline (eine Auswahl, denn das Onlineangebot verändert und erweitert sich regelmäßig):

- service.destatis.de/DE/gehaltsvergleich
- kununu.com
- gehalt.de
- gehaltsvergleich.com
- glassdoor.de
- entgeltatlas.arbeitsagentur.de
- Jobplattformen
- Wirtschaftszeitungen
- Karriereberater und -coaches
- Personaldienstleister
- Headhunter
- Gewerkschaften
- Berufsverbände
- Karrieremessen
- eigene Netzwerke

Nutze stets mehrere Quellen. Für einige Branchen oder Berufe gibt es spezifische Plattformen und Branchenverzeichnisse. Bei deiner Recherche wirst du unterschiedliche Ergebnisse erhalten, die einen ungefähren Rahmen vorgeben werden, in dem du dich gehaltsmäßig bewegen wirst. Je nach deiner genauen Berufsbezeichnung und deinem Tätigkeitsschwerpunkt kannst du die passende Größenordnung ableiten. Wenn du Führungserfahrung, eine spezielle Fachexpertise oder das gesuchte Netzwerk mitbringst, dann kannst du dich an den oberen Gehaltsgrößen orientieren. Tausche dich zudem in deinen Netzwerken aus und konsultiere zusätzlich Karriereberater, Personalvermittler oder Headhunter. Informiere dich über den Berater und seine Unternehmung. Der Mythos vom geheimnisumwobenen, im Dunkeln agierenden Headhunter ist überholt. Heute kannst du sogar initiativ beim Headhunter deiner Wahl vorstellig werden, vorausgesetzt, du hast dir konkrete Gedanken zu deinem nächsten Karriereschritt gemacht und dein Lebenslauf ist aktuell und aussagekräftig. Wenn du bereit bist, in die Dienstleistung (Karriereberatung oder Coaching) eines guten Headhunters oder Karrierecoaches zu investieren, wird sich das in aller Regel für dich auszahlen.

Falls du Mitglied in einem Berufsverband oder einer Gewerkschaft bist, so erhältst du auch dort Auskunft zu möglichen Gehältern oder Honoraren.

Größe, Lage und Branche entscheiden

Neben deinem Marktwert und deiner Position wirkt sich die Branche, in der du arbeitest, auf deine Gehaltsentwicklung aus. Auch Größe und Lage des Unternehmens, in dem du beschäftigt bist, spielen eine Rolle. Vereinfacht: je größer das Unternehmen, desto höher das Gehalt. In Boombranchen, wie der Technologie und Pharmazie, verdient ein Key-Account-Manager mehr als in der Touristikbranche. Natürlich gibt es die regelbrechende Ausnahme, doch grundsätzlich kannst du in einem internationalen Konzern ein höheres Gehalt erwarten als in einem kleinen Unternehmen mit wenigen Angestellten. Das Gehaltsgefüge inklusive der Sozialleistungen und geldwerten Vorteile ist in einer international operierenden Aktiengesellschaft ein anderes als bei einer GmbH mit zehn Mitarbeitenden. Ein Start-up wird ebenfalls nicht mit einem attraktiven Gehaltsscheck werben, dafür eher mit der agilen Arbeitsatmosphäre, flachen Hierarchien und dem Gründerteam »zum Anfassen«.

Zusätzlich ist auch die Lage, der Unternehmenssitz, ein entscheidender Faktor bei der Gehaltsgröße. In teuren Lagen, wie München und dem Rhein-Main-Gebiet um Frankfurt am Main, werden höhere Gehälter gezahlt als in ländlicheren Gegenden oder im Norden oder Osten Deutschlands. Auch vermeintlich einheitliche Tarifstrukturen variieren je nach Bundesland. Und im gleichen Beruf kann es passieren, dass zwischen »Besoldung« und »Gehalt« mit weitreichenden arbeits- und sozialversicherungsrechtlichen Folgen unterschieden wird, wie etwa bei Lehrkräften.

Brutto ist nicht gleich Netto: Achtung, Steuerfalle!

Um einen genaueren Eindruck davon zu bekommen, wie sich eine Gehaltserhöhung auf deine momentane Einkommenssituation unter Berücksichtigung deiner Steuerklasse und weiterer Faktoren auswirkt, kannst du Brutto-Netto-Gehaltsrechner, die kostenfrei im Netz zur Verfügung stehen, nutzen. Indem du mit verschiedenen Bruttoangaben rechnest, kannst du Auswirkungen von Steuern und Sozialabgaben auf den eigenen Nettoverdienst in der eigenen Steuerklasse nachvollziehen. Bei welchem Verdienst springst du in eine höhere Steuerprogression? Lohnt sich die Gehaltserhöhung immer? Ist die Einbeziehung von geldwerten Vorteilen oder eine betriebliche Altersvorsorge sinnvoll?

Zudem kannst du dir ein Bild davon machen, wie teuer Gehälter sind. Wir unterscheiden nicht nur zwischen Brutto- und Nettogehältern, sondern finden eine über unserem Brutto angesiedelte Arbeitgeberebene, das Arbeitgeberbrutto. Das heißt, für deinen Arbeitgeber kommen durchschnittlich etwa 20 Prozent deines Bruttoentgelts als gesetzlich vorgegebene Kosten hinzu. Dazu gehören Sozialabgaben (genau wie du entrichtet auch dein Arbeitgeber Beiträge für die gesetzliche Rentenversicherung und die gesetzliche Kranken- und Pflegeversicherung), Beiträge zur gesetzlichen Unfallversicherung über die Berufsgenossenschaft, Pauschalsteuern für gewisse Bezüge oder Minijobber, Umlagen (für Krankheitsfälle und Mutterschaft) und gegebenenfalls Vor- oder Zuschüsse oder Sachbezüge.

Geldwerte und weitere Vorteile: Gesetzlich geregelt und nützlich, auch beim Verhandeln

Geldwerte Vorteile

Viele Arbeitgeber bieten zusätzlich zum Gehalt (Sach-)Leistungen an. In vielen Stellenanzeigen werden diese auch mit »Benefits« angepriesen und in Szene gesetzt, um junge Talente überzeugender für sich zu gewinnen.

In deiner Recherche zum Arbeitgeber kannst du diese Sachleistungen gern mit einbeziehen, denn sie werden vom Arbeitgeber günstiger oder kostenlos bezogen und brauchen somit nicht mehr selbst von dir als Arbeitnehmerin gekauft werden. Dadurch kannst du bares Geld sparen, weshalb diese Leistungen auch **geldwerte Vorteile** genannt werden.

Was steckt hinter den geldwerten Vorteilen? Ein bekanntes Beispiel ist der **Dienstwagen**. Wird das Auto auch privat genutzt, entscheiden sich die meisten Arbeitnehmerinnen dafür, kein aufwendiges Fahrtenbuch zu führen, sondern die **1-Prozent-Regelung** zu nutzen. Dafür muss 1 Prozent des Listenpreises des Wagens als geldwerter Vorteil versteuert werden.

Auch Rabatte auf im Unternehmen produzierte Güter oder angebotene Dienstleistungen oder die private Nutzung von IT-Ausstattung gehört zu den geldwerten Vorteilen. Mittlerweile ist die Bereitstellung von modernster IT-Ausstattung in Form des neuesten Smartphones, Tablets oder PCs auch zur privaten Nutzung, je nach Branche und Arbeitsplatz, angesagter als der Dienstwagen.

Das **Einkommensteuergesetz** (EStG) führt alle Dienst- oder Sachleistungen auf, die zu dieser Gruppe der Sachleistungen zählen, weist aber im § 8 EStG darauf hin, dass die geldwerten Vorteile versteuert werden müssen. Sie gelten als Einnahme und sind somit steuer- und sozialversicherungspflichtig. Immerhin gelten für einige der geldwerten Vorteile Freigrenzen oder Freibeträge, sodass du hier mehrfach profitieren kannst.

Im Folgenden findest du die interessantesten geldwerten Vorteile mit den jeweils geltenden Freigrenzen oder Freibeträgen im Überblick:

Bezeichnung	Gegenwert in Euro	Vorteil, Sachleistung	Steuer- und sozialab- gabenfrei
Sachbezug	50 Euro monatlich	Zuschuss für das Fahrticket für öffentliche Verkehrsmittel: »Jobticket«; Tank-, Warengutschein	Ja

Personal-rabatt	Bis zu 1.080 Euro im Jahr Freigrenze	Vom Arbeitgeber produzierte Waren, Dienstleistungen	Ja, bis zur Freigrenze, darüber: steuer- und sozialabgabenpflichtig
Kinder-betreuung		Kitabeiträge oder Kosten der Tagesmutter, das Kind muss in dieser Zeit außer Haus untergebracht sein und darf noch nicht schulpflichtig sein	Ja
Gesundheits-förderung	Bis zu 500 Euro im Jahr	Betriebliche Gesundheitsmaßnahmen mit Bezug zur besonderen beruflichen Belastung, wie Yoga, Stressbewältigung, Rücken-, Augentraining	Ja, bis zu 500 Euro im Jahr
Geschenke	Maximal 60 Euro im Jahr	Klarer persönlicher Anlass wie Geburtstag, Jubiläum	Steuerfrei
Umzug		Berufsbedingter Umzug	Steuerfrei
IT-Aus-stattung		Computer, Laptops, Tablets, Smartphones können privat steuerfrei genutzt werden, wenn sie nur geliehen werden und Eigentum des Unternehmens bleiben	Steuerfrei

Firmenwagen		Der private Nutzungs-anteil wird versteuert, Nachweis durch Fahrtenbuch oder 1-Prozent-Regel (1 Pro-zent des Listenpreises des Neuanschaffungs-wertes des Wagens wird als geldwerter Vorteil versteuert)	Steuer-pflichtig
Dienst-wohnung		Vergünstigt oder kostenlos zur Ver-fügung gestellte Woh-nung; die Differenz aus tatsächlicher Miete und Vergleichsmiete (Mietspiegel) wird als geldwerter Vorteil versteuert	Steuer-pflichtig

Die Kinderbetreuung als Bonbon in der Verhandlungssituation

Wie du in der Gehaltsverhandlung geldwerte Vorteile einbindest und für dich nutzt, schauen wir uns am Beispiel der Kitabeiträge, oben in der Tabelle unter »Kinderbetreuung« aufgeführt, an. Wenn dich dieses Thema betrifft und du in einem Bundesland wohnst, das die Kitabeiträge (noch) nicht trägt, binde diesen Punkt in deine Gehaltsverhandlung mit ein. Wie jede Mutter genau weiß, ist das Leben teuer, deshalb ist dieser Hinweis bares Geld wert und darf und sollte an alle Mütter weitergegeben werden. Du kannst dei-nen Arbeitgeber insofern einbeziehen, als dieser die Kosten für den Kindergarten, die Kita oder die Tagesmutter übernimmt.

Wichtige Voraussetzung: Das eigene Kind muss außer Haus untergebracht sein und darf sich noch nicht im schulpflichtigen Alter befinden. Der Arbeitgeber muss den Kindergartenzuschuss zusätzlich zum Lohn oder Gehalt gewähren.

Und hier kommen wir zum cleveren Einbinden in die Gehaltsverhandlung: Sprich diesen geldwerten Vorteil an und zeige, dass du dich genauer mit der Thematik auseinandersetzt und sogar den Perspektivwechsel beherrschst, indem du dich in die Lage deines Arbeitgebers versetzt. Denn du kannst deinem Arbeitgeber bei der Verhandlung deines Bruttogehalts entgegenkommen und wirst unterm Strich dennoch ein Plus für dich verzeichnen können.

💡 Vorschlag, bitte finde deine eigenen Worte:

»Ich weiß, dass Sie als mein Arbeitgeber Lohnnebenkosten haben, und dazu habe ich einen Vorschlag: Ich komme Ihnen bei meinem Bruttogehalt entgegen, während Sie für die Zeit der Unterbringung meines Kindes in der Kita die Kitabeiträge voll übernehmen. Vorteil für Sie: Sie können diesen Posten als Betriebskosten geltend machen. Zudem sparen Sie durch mein niedrigeres Bruttogehalt Sozialabgaben. Sobald mein Kind ins schulpflichtige Alter kommt, wird das ursprüngliche Bruttogehalt wieder angesetzt.«

Verbinde das mit dem Hinweis darauf, dass du dich im Unternehmen weiterentwickeln möchtest, und gib einen Ausblick auf die nächsten Jahre:

»Darüber hinaus möchte ich gern die Option auf eine Nachverhandlung, verbunden mit einer Zielvereinbarung, mit Ihnen besprechen. Als Arbeitgeber haben Sie Einsparpotenzial während der Übernahme der Kitakosten realisiert und ich habe eine gute Motivation, mich hier entsprechend weiterzuentwickeln.«

Eine Gesprächsführung in diese Richtung bietet dir die Möglichkeit, zu zeigen, dass du einen guten Schritt weiterdenkst und eine für beide Seiten tragbare und vorteilhafte Lösung suchst. So wirst du als Gesprächspartnerin auf Augenhöhe, die beide Seiten betrachtet, wahrgenommen.

Die folgenden Tabellen enthalten zwei Beispiele in unterschiedlichen Lohnsteuerklassen, die diesen geldwerten Vorteil im Geldbeutel demonstrieren. Eine Arbeitnehmerin lässt sich die Kitabeiträge vom Arbeitgeber zahlen, verzichtet aus diesem Grund auf einen kleinen Teil ihres Bruttogehalts (rechte Tabellenspalte), und die andere Mutter zahlt den Beitrag aus eigener Tasche (*WISO Gehalt 2021*, keine Kirchensteuer, kein Solidaritätszuschlag, ein Kinderfreibetrag).[16]

Bruttoebene, monatliches Gehalt, Lohnsteuerklasse IV	3.500,00 Euro	3.200,00 Euro
Kindergartenzuschuss, vom Arbeitgeber übernommen	–	300,00 Euro
Lohnsteuer	524,66 Euro	446,58 Euro
Sozialversicherungsabgaben	695,63 Euro	636,00 Euro
Nettoebene	**2.279,71 Euro**	**2.117,42 Euro**
Kindergarten aus eigener Tasche	-300,00 Euro	–
Frei verfügbar	**1.979,71 Euro**	**2.117,42 Euro**
Differenz		**+137,71 Euro**

Anderes Beispiel mit der »ungünstigeren« Lohnsteuerklasse V, die aufgrund des Ehegattensplittings meist die Ehefrauen wählen:

Bruttoebene, monatliches Gehalt, Lohnsteuerklasse V	2.500,00 Euro	2.300,00 Euro
Kindergartenzuschuss, vom Arbeitgeber übernommen	–	200,00 Euro
Lohnsteuer	553,50 Euro	492,00 Euro
Sozialversicherungsabgaben	496,88 Euro	457,13 Euro
Nettoebene	**1.449,62 Euro**	**1.350,87 Euro**
Kindergarten aus eigener Tasche	-200,00 Euro	–
Frei verfügbar	**1.249,62 Euro**	**1.350,87 Euro**
Differenz		**+101,25 Euro**

Auf der Bruttoebene sieht es noch nach einem Verzicht zu deinen Ungunsten aus, wenn du deinem Arbeitgeber in der Gehaltsverhandlung ein Stück entgegenkommst. Durch das geringere Bruttogehalt fallen entsprechend weniger Steuern und Sozialabgaben an. Dies wirkt sich als Vorteil auf der Nettoebene aus, dem Teil, der dir konkret zufließt. Beachtest du, dass die vom Arbeitgeber übernommenen Kindergartenkosten eigentlich aus deinem Nettogehalt bestritten werden müssten, erkennst du einen deutlichen Vorteil im frei verfügbaren Einkommen. Den könntest du sinnvoll nutzen: Baue eine kurzfristige Rücklage auf oder investiere in den langfristigen Vermögensaufbau.

Keine geldwerten Vorteile

Wir sind noch nicht ganz durch mit den Zuwendungen seitens des Arbeitgebers. Es gibt noch weitere Formen, bei denen der Nutzen für den Arbeitgeber klar überwiegt.

Fortbil-dung	Berufsbegleitendes Masterstudium, Intensiv-sprachkurs, Coaching mit klarem Bezug zur konkre-ten Tätigkeit. Der Nutzen durch die erweiterten, vertieften Fachkenntnisse des Mitarbeiters für den Arbeitgeber steigt.	Wird die Fortbildung im eigenbetrieblichen Interesse absolviert, kann sie vom Unternehmen steuer- und sozialab-gabenfrei übernommen werden.
Parkplätze		Steuerfrei
Obst und Getränke		Steuerfrei

Erkundige dich nach Fortbildungen, die zu deinem Aufgabenbereich passen, und signalisiere deinem Arbeitgeber durch die gezielte Nachfrage nach geeigneter Fortbildung, dass du im Job auf dem Laufenden bleiben und dich weiterentwickeln möchtest. So steigerst du nicht nur die Qualität deiner Arbeit, sondern investierst gleichzeitig in deinen Marktwert. Nutze die Fortbildung in der Gehaltsverhandlung. Manche Fortbildungen sind sehr hochpreisig, und dein Vorgesetzter ist eher bereit, das Budget, das das Unternehmen für Fortbildungen bereithält, anzuzapfen und in gute Mitarbeitende zu investieren, als – aus seiner Sicht – einfach nur mehr Gehalt zu zahlen.

Vermögenswirksame Leistungen und AVWL

Manche Arbeitgeber haben in ihren Tarifverträgen, Betriebsvereinbarungen oder im Arbeitsvertrag Geldleistungen als sogenannte vermögenswirksame Leistungen (VL oder VWL) nach dem 5. Vermögensbildungsgesetz vorgesehen. Zwar gibt es zur Zahlung von VL seitens des Arbeitgebers keine gesetzliche Verpflichtung, wenn diese nicht in den entsprechenden Vereinbarungen aufgeführt ist, doch als Arbeitnehmerin kannst du in einem solchen Fall auf deinen Arbeitgeber zugehen. Du kannst anfragen, ob er den entsprechenden Teil deines Gehalts in ein von dir gewähltes und für VL zugelassenes Anlageprodukt investiert. Je nach Situation kannst du die Gelegenheit gleichzeitig dazu nutzen, um weitere Themen anzusprechen. Nutze den Anlass, um über deine Weiterentwicklung, eigene Ideen oder die Übernahme neuer Projekte im Unternehmen zu sprechen. Das könnte dann der Grundstein für deinen nächsten Gehaltssprung sein.

Maximal 40 Euro pro Monat, je nach Branche und Arbeitsvertrag auch deutlich weniger, gibt es vom Arbeitgeber dazu. Die beliebtesten Produkte für die Anlage der VL sind Fondssparpläne, Bausparverträge oder Banksparpläne. Die VL-Verträge laufen grundsätzlich sieben Jahre, wovon sechs Jahre lang die Beiträge gezahlt werden (Ausnahme hiervon sind Bausparverträge, in die die VL sieben Jahre lang eingezahlt werden). Der Gesetzgeber erlaubt daneben weitere Anlageformen. Informiere dich dazu und prüfe, welche Lösung gut zu deiner Situation und deinen Finanzkenntnissen passt.

Die tarifgebundenen Unternehmen der Metall- und Elektroindustrie sehen anstelle der VL die Anlage sogenannter altersvorsorgewirksamer Leistungen (AVWL) vor. Hiernach müssen die AVWL in eine Rentenversicherung investiert werden. Wenn dein Tarifvertrag dazu keine Öffnungsklausel aufweist, hast du keine andere Wahl, als den Rahmenvertrag der AVWL zu nutzen.

In jedem Fall lohnt es sich, sich mit VL auseinanderzusetzen, denn innerhalb bestimmter Einkommensgrenzen gibt es für manche VL-Anlageformen auch noch eine Förderung vom Staat dazu, die Arbeitnehmersparzulage. Gerade bei Eltern kann das zu versteuernde

Einkommen aufgrund der steuerlichen Freibeträge deutlich geringer ausfallen, als es das Bruttoeinkommen zunächst vermuten lassen würde. Die genaue Höhe des zu versteuernden Einkommens kannst du deinem Steuerbescheid entnehmen.

Produkt	Staatliche Förderung	Förderhöhe und maximal geförderte Einzahlungen pro Jahr und Person	Einkommensgrenzen für Singles/steuerlich zusammen Veranlagte
Aktienfondssparplan	Arbeitnehmersparzulage	Maximal 80 Euro (20 % auf maximal eingezahlte 400 Euro im Jahr)	20.000 Euro bzw. 40.000 Euro
Bausparvertrag	Arbeitnehmersparzulage	Maximal 43 Euro (9 % auf maximal eingezahlte 470 Euro im Jahr)	17.900 Euro bzw. 35.800 Euro
Bausparvertrag	Wohnungsbauprämie	Maximal 70 Euro (10 % auf maximal eingezahlte 700 Euro im Jahr)	35.000 Euro bzw. 70.000 Euro
Tilgung einer bestehenden Baufinanzierung	Arbeitnehmersparzulage	Maximal 43 Euro (9 % auf eingezahlte bzw. getilgte 470 Euro im Jahr)	17.900 Euro bzw. 35.800 Euro
Banksparplan	Keine		

Auch wenn es sich nur um Kleinbeträge handelt, die du über diesen Weg sparen und investieren kannst, kommt über die Zeit einiges zusammen und hilft dir beim Vermögensaufbau. Denn das, was du direkt investierst, ist zunächst einmal »aus den Augen, aus dem Sinn« und kann nicht mehr »sinnlos« ausgegeben werden.

Die betriebliche Altersversorgung

An dieser Stelle möchte ich noch ein wichtiges Thema ansprechen: die betriebliche Altersvorsorge, kurz bAV. Unter bAV kannst du dir den Aufbau einer zusätzlichen Rente über deinen Arbeitgeber vorstellen. Die bAV kann in Form einer Entgeltumwandlung oder als arbeitgeberfinanzierte bAV eingerichtet werden. Bei der arbeitgeberfinanzierten bAV übernimmt dein Arbeitgeber die Beiträge allein, also zusätzlich zu deinem Bruttogehalt, während du bei der Entgeltumwandlung einen Teil deines Gehalts in die Betriebsrente investierst. Seit 2002 gibt es in Deutschland einen gesetzlichen Rechtsanspruch auf eine bAV in Form der Entgeltumwandlung, sofern ein sozialversicherungspflichtiges Beschäftigungsverhältnis vorliegt.

Für dich bedeutet das konkret, dass du einen Teil deines Bruttogehalts direkt in eine Rentenversicherung (häufigste Lösung hierfür ist die Direktversicherung, gefolgt von der Pensionskasse) umwandeln darfst. Diese Police schließt dein Arbeitgeber formal als Versicherungsnehmer auf dich als Arbeitnehmerin und als versicherte Person ab.

Monatlich darfst du bis zu 282 Euro steuer- und sozialversicherungsfrei und bis zu 564 Euro steuerfrei in die bAV investieren. Dieser Betrag wird direkt von deinem Bruttogehalt abgeführt und mindert dieses dadurch rechnerisch. Für das um diesen Betrag verringerte Bruttogehalt fallen entsprechend weniger Steuern und Sozialabgaben an, weshalb du auf der Nettoebene (bei Steuerklasse I) nur etwa 50 Prozent deines monatlich in die bAV investierten Betrags weniger im Geldbeutel hast. Klingt kompliziert? Machen wir es einfach: Ich denke, uns allen und gerade dir ist bewusst, dass etwas für den Vermögensaufbau und für die Rente getan werden will. Hier kannst du deinen Arbeitgeber miteinbeziehen. Dazu einfach weiterlesen.

Die betriebliche Altersversorgung als Bonbon in der Verhandlungssituation

Wenn du jetzt einen Schritt weiter denkst und ähnlich verhandelst wie im Beispiel der Kinderbetreuung, dann kannst du deinen Arbeitgeber in den Aufbau deiner Betriebsrente einbeziehen:

Für bAV-Verträge in Form der Entgeltumwandlung gilt, dass dein Arbeitgeber 15 Prozent des Beitrags bezuschussen muss. Und vielleicht kannst du hier einen noch größeren Zuschuss aushandeln. Vorteil für dich: Du baust dir ganz nebenbei ein Standbein für deine Altersversorgung auf und hast auf der Nettoebene nur einen Teil des investierten Betrags weniger. Zudem ist die bezuschusste betriebliche Altersabsicherung ein gutes Bindungsinstrument seitens des Arbeitgebers und gleichzeitig eine Motivation für dich.

In nachfolgendem Beispiel kannst du den Vorteil der Entgeltumwandlung anhand der Auswirkung der Steuer- und Sozialabgabenersparnis auf der Nettoebene nachvollziehen. Wenn du jetzt noch unterstellst, dass du denselben Beitrag für den privaten Vermögensaufbau im Alter aus deinem Nettoverdienst bestreitest, hast du mit der bAV-Lösung ein deutliches Plus zur freien Verfügung. Das ist nur ein Beispiel. Doch es zeigt, dass es auch neben einer Gehaltserhöhung weitere Trümpfe gibt, die du ausspielen kannst. Wenn du absehen kannst, dass du häufiger deinen Arbeitsplatz wechseln wirst, oder planst, dich selbstständig zu machen, ist die bAV als Entgeltumwandlung nicht die erste Wahl. Aber auch in einem solchen Fall gibt es Lösungen, wie du mit bestehenden Rentenversicherungen in Form einer bAV umgehen kannst. Je nach deiner Situation solltest du alle Möglichkeiten abwägen.

Lohnsteuerklasse I, Bruttoebene	4.300,00 Euro	4.100,00 Euro
bAV (Entgeltumwandlung)		-200,00 Euro (+30,00 Euro vom AG)
Lohnsteuer	744,50 Euro	686,75 Euro
Sozialversicherungsabgaben	865,38 Euro	825,13 Euro
Nettoebene	**2.690,12 Euro**	**2.588,12 Euro (-102,00 Euro)**
Private Altersvorsorge	-200,00 Euro	
Frei verfügbar	**2.490,12 Euro**	**2.588,12 Euro (+98,00 Euro)**

(*WISO Gehalt 2021*, keine Kirchensteuer, kein Solidaritätszuschlag)[17]

Darf es ein bisschen mehr sein? Gratifikation, Bonus und Co.

Gratifikationen sind Zuwendungen, die einige Arbeitgeber ihren Beschäftigten zusätzlich zur Arbeitsvergütung zahlen. Sie können als

Anerkennung für die geleistete Arbeit oder auch als Anreiz für künftige Leistungen gewährt werden.

Beispiele:

- Urlaubsgeld – bitte nicht mit dem Urlaubsentgelt verwechseln (das Urlaubsentgelt ist das normale Gehalt, das während des Urlaubs weiterhin gezahlt wird)
- Weihnachtsgeld; Sonderzahlung bei einem Betriebsjubiläum
- Prämien (aufgrund einer Zielvereinbarung); Tantiemen; Bonuszahlungen, Aktien

Es gibt definitiv keinen gesetzlichen Anspruch auf eine Gratifikation. Als Arbeitnehmerin kannst du deinen Anspruch nur begründen, wenn es eine Regelung, die als Rechtsgrundlage dient, hierzu gibt:

- im Arbeitsvertrag
- im einschlägigen Tarifvertrag, wenn der Arbeitgeber tarifgebunden ist
- in der Betriebsvereinbarung
- aus dem Gleichbehandlungsgrundsatz heraus
- bei betrieblicher Übung (Gewohnheitsrecht; bei dreimaliger Zahlung führt die Gratifikation zu einem Anspruch, es sei denn, es gibt einen wirksamen Freiwilligkeitsvorbehalt)

Die Höhe der Gratifikation ist meist geregelt, es gibt auch Abstufungen nach Betriebszugehörigkeit oder Familienstand. Kürzungen bei Fehlzeiten sind nur erlaubt, wenn es Regelungen hierzu gibt.

Das **13. Monatsgehalt** hat Entgeltcharakter (man spricht auch von Vergütungscharakter) und zählt daher nicht zu den typischen Gratifikationen, die eher einen Belohnungscharakter haben (und einen Anreiz für weitere Betriebstreue schaffen sollen).

👍 **Tipp:**

Vor dem Bewerben: Informiere dich im Rahmen deiner Recherche zum Unternehmen, was es in diesem Bereich vorsieht, bevor du in den Bewerbungsprozess einsteigst. Dann kannst du Prämien in Form von Bonuszahlungen als Anreiz bei deiner Gehaltsverhandlung miteinbeziehen. Viele Arbeitgeber informieren dazu in ihren Stellenausschreibungen oder im Karrierebereich auf ihrer Webseite. Zudem kannst du auch auf einschlägigen Karriereportalen, wie zum Beispiel Kununu, oder in deinem Netzwerk dazu recherchieren. **Im bestehenden Job:** Prämien können bei besonderer Leistung gut verhandelt werden, sofern das Unternehmen hierzu Regelungen vorsieht.

Der Tarifvertrag: Die Eingruppierung und Einstufung verhandeln? Ja, bitte!

»Bei Tarifverträgen kann man doch gar nicht verhandeln, oder?«

Julia B., 31, Verwaltungsfachangestellte

Was sind Tarifverträge?

Tarifverträge werden zwischen Arbeitgeberverbänden und Gewerkschaften verhandelt und abgeschlossen. Es gibt Verbandstarifverträge und Flächentarifverträge, die für ganze Regionen gelten. Für Unternehmen, die im entsprechenden Arbeitgeberverband Mitglied sind und sich zur Tarifbindung bekennen, gilt der jeweilige Flächentarifvertrag. Häufig werden Tarifverträge von einzelnen Unternehmen, vor allem von größeren Mittelständlern oder Konzernen, mit ihrem Betriebsrat oder einer Gewerkschaft verhandelt und installiert, dann sprechen wir von Firmen- oder Haustarifverträgen. Sobald ein Flächentarifvertrag für einen oder für ganze Wirtschaftszweige gilt, zum Beispiel der Tarifvertrag der IG Metall für die gesamte Metall- und Elektroindustrie, dann sprechen wir vereinfacht vom Branchentarifvertrag. Für den öffentlichen Dienst Bund und Kommunen gilt der TVöD und für den öffentlichen Dienst der Länder gilt der TV-L.

Laut Statistischem Bundesamt haben im Jahr 2019 etwa 44 Prozent der Arbeitnehmer in Deutschland tarifvertraglich gebunden gearbeitet, das sind circa 19 Millionen Menschen, davon zählt der öffentliche Dienst um die drei Millionen Beschäftigte als Angestellte.[18] Deutschlands Tariflandschaft umfasst über 77.000 gültige Tarife, darunter über 29.000 Verbandstarifverträge und über 48.000 Firmentarifverträge.[19]

Ob ein Tarifvertrag für dein Arbeitsverhältnis gilt, hängt davon ab, ob du Mitglied in der Gewerkschaft bist und der Arbeitgeberverband, in dem dein Arbeitgeber Mitglied ist, mit deiner Gewerkschaft einen Tarifvertrag ausgehandelt hat. In diesem Fall sprechen wir vom Verbandstarifvertrag. Grundsätzlich hast du nur als Gewerkschaftsmitglied einen verbindlichen Rechtsanspruch auf tarifliche Leistungen, doch in der Regel erhalten alle Beschäftigten eines tarifgebundenen Arbeitgebers auch die tariflich vereinbarten Leistungen. Ein Unternehmen kann auch, ohne Mitglied im Arbeitgeberverband zu sein, einen Tarifvertrag als Firmen- oder Haustarifvertrag abschließen. Sobald ein Tarifvertrag vom Bundesministerium für Arbeit und Soziales als allgemein verbindlich erklärt wird, gilt dieser auch dann, wenn du oder dein Arbeitgeber nicht tarifgebunden seid, du also keiner Gewerkschaft und dein Arbeitgeber keinem Arbeitgeberverband angehört.[20]

Das Besondere eines Tarifvertrags ist der unmittelbare Geltungs-
bereich der tariflichen Leistungen. Die Arbeitsbedingungen brauchen
also nicht mehr individuell zwischen dir als Arbeitnehmerin und deinem Arbeitgeber abgestimmt und verhandelt zu werden. Alles ist geregelt. Im Manteltarifvertrag werden Arbeitszeiten, Urlaub, Entgelt-
fortzahlung, vermögenswirksame Leistungen und ähnliche Punkte
geregelt, und der Entgelttarifvertrag regelt genau, was du verdienst.

Entgeltgruppen und Stufen

Es gibt verschiedene Entgelttabellen, die für unterschiedliche Bereiche gelten. Es gibt eine Entgelttabelle für den Bereich der kom-
munalen Arbeitgeberverbände und eine Entsprechung dazu für Angestellte des Bundes. Für den Sozial- und Erziehungsdienst und den
Bereich der Pflege und Gesundheit gelten anderen Entgelttabellen
als im Tarifvertrag des öffentlichen Dienstes der Länder, dem TV-L.
Kein Wunder, dass es hier zur Verwirrung über die verschiedenen
Tabellen, Eingruppierungen und Stufen kommen kann.

Wie hoch dein Arbeitsentgelt ist, wird durch die Entgeltgruppe und
die bereits erreichte Grund- oder Entwicklungsstufe, in die du eingruppiert bist oder wirst, definiert. Die Gehaltshöhe kannst du der jeweiligen Entgelttabelle, die dem Tarifvertrag als Anlage zugrunde liegt,
entnehmen. Es gibt 15 Entgeltgruppen (abgekürzt E 1 bis E 15 Ü), und
jede dieser Entgeltgruppen hat sechs Stufen, davon zwei Grundentgelt-
stufen und vier Entwicklungsstufen. Ausnahme hiervon ist die E 1, die
fünf Stufen hat. Die Entgeltgruppen sind aufsteigend und orientieren
sich an den Besoldungsgruppen A 1 bis A 15 der Beamten. Abweichend
davon ist die Entgelttabelle für den Sozial- und Erziehungsdienst mit
S 2 bis S 18 und für die Pflege mit P 5 bis P 16 aufgebaut.

Die Entgeltgruppen sind klar definierten Tätigkeitsmerkmalen
zugeordnet. Entscheidend dafür, in welche Entgeltgruppe du eingruppiert wirst, ist die Bewertung des Aufgabenbereichs, in dem du

tätig wirst. Darüber hinaus entscheiden deine einschlägige Berufs-erfahrung, deine Qualifikation und die Beschäftigungsdauer, in welche Stufe du eingestuft wirst. Hast du keine einschlägige Berufs-erfahrung und bist Berufsanfängerin, erfolgt die Eingruppierung in Stufe 1. Je mehr Berufserfahrung du mitbringst, desto höher fällt die Stufe aus, in die du eingruppiert wirst. Zudem erfolgt der Stufen-aufstieg beim selben Arbeitgeber automatisch nach einem fest-gelegten System. Nach einem Jahr Beschäftigung geht es von Stufe 1 in Stufe 2, nach zwei Jahren in Stufe 2 in die Stufe 3 und nach drei Jahren in Stufe 3 folgt die Stufe 4 und so weiter.

Eingruppierung nicht verhandelbar?

So weit, so klar. Und jetzt? Heißt das im Umkehrschluss, dass du gar keine Möglichkeit hast, beim Tarifvertrag zu verhandeln? Ja und nein. Zunächst einmal solltest du im eigenen Interesse das Regelwerk des Tarifvertrags genau lesen. Viele Arbeitnehmerinnen sind mit ihrer Eingruppierung unzufrieden, haben sich aber noch gar nicht näher mit dem Tarifvertrag befasst, der ihrem Arbeitsverhältnis zugrunde liegt.

Ganz grob lassen sich die Entgeltgruppen in vier Gruppen aufteilen:
- einfacher Dienst (E 1 bis E 4): einfache Hilfsarbeitertätigkeiten mit geringen Anforderungen, Hauptschulabschluss (zum Beispiel Boten, Küchenhilfen, Schaffner, Schrankenwärter)
- mittlerer Dienst (E 5 bis E 8): abgeschlossene Ausbildung (zum Beispiel Altenpfleger, Ergo-, Physiotherapeuten, Verwaltungs-fachangestellte)
- gehobener Dienst (E 9 bis E 12): Bachelor- und Fachhochschul-abschluss (zum Beispiel Ingenieure, Lehrer an Grund-, Real-, Hauptschulen, in der Sekundarstufe I, II als Quereinsteiger)
- höherer Dienst (E 13 bis E 15): Diplom-, Masterabschluss (zum Beispiel Gymnasiallehrer, Dozenten, wissenschaftliche Mitarbeiter an Universitäten)

Die Festlegung der Entgeltgruppe im Arbeitsvertrag beruht auf der Bewertung der auszuübenden Tätigkeit. Dazu legt der Arbeitgeber im Rahmen der Stellenbeschreibung fest, welche Tätigkeitsmerkmale die auszuübende Tätigkeit erfüllt. Laut Grundsatz der Tarifautomatik hast du das Recht, so bezahlt zu werden, wie es deinem tatsächlichen Aufgabengebiet in Verbindung mit deiner Qualifikation gerecht wird. Ganz so trivial ist die Bewertung deiner Stelle und spätere Einordnung in die Entgeltgruppe aber nicht, denn für beide Seiten können sich Beurteilungsspielräume ergeben. Das Tarifsystem ist in dieser Beziehung komplex. Je nachdem, welcher Bewertungsmaßstab für die Tätigkeit zugrunde gelegt wird und wie die Gewichtung von qualifizierenden Einzeltätigkeiten im gesamten Arbeitsvorgang ausfällt, erfolgt die Eingruppierung in die entsprechende Entgeltgruppe.

Klingt kompliziert? Versuchen wir es etwas einfacher

Du hast dein Biologiestudium mit dem Master of Science abgeschlossen, bringst demnach eine besondere Qualifikation mit, die im Rahmen deiner Tätigkeit als wissenschaftliche Mitarbeiterin vorausgesetzt wird. Deine Aufgabe setzt sich aus verschiedenen Einzeltätigkeiten zusammen, die zusammengefasst einen Arbeitsvorgang bilden und zum Arbeitsergebnis führen. Jetzt gibt es Einzeltätigkeiten, die du aufgrund deiner Qualifikation auszuüben in der Lage bist, und im Gegensatz dazu auch Einzeltätigkeiten, die einfacher sind, also dieses Qualifizierungsmerkmal nicht aufweisen müssen.

Laut gängiger Praxis erfolgt die Eingruppierung in eine Entgeltgruppe meistens auf der Grundlage, dass mindestens 50 Prozent der Einzeltätigkeiten dieses Qualifizierungs- oder Heraushebungsmerkmal aufweisen müssen oder dieses Kriterium sogar im gesamten Arbeitsvorgang als Voraussetzung erfüllt sein muss. Das ist in den meisten Fällen unrealistisch. Aktueller Rechtsprechung zufolge genügt es, wenn das Qualifizierungsmerkmal grundsätzlich vorliegt und die qualifizierenden Tätigkeiten eine Größenordnung von 10 Prozent bis 15 Prozent aller Tätigkeiten im gesamten Arbeitsvorgang einnehmen, was deutlich realitätsnäher ist.[21]

Wenn du deine Stelle noch nicht angetreten hast, kannst du für das Verhandeln der richtigen Entgeltgruppe diese Grundlage im Hinterkopf behalten. Es lohnt sich, beides zu überprüfen, die Entgeltgruppe und auch die Einstufung.

💡 Folgende Fragen kannst du dir dazu stellen:
- Welche Qualifikation ist für diese Stelle erforderlich?
- Welche einschlägigen Erfahrungen im Bereich des genauen Tätigkeitsbereichs bringe ich mit?
- Rechtfertigt meine bisherige Berufserfahrung eine höhere Einstufung?
- Sind meine künftigen Aufgaben Bestandteil einer anderen (höheren) Entgeltgruppe?

Im bestehenden Arbeitsverhältnis:
- Habe ich neue Fähigkeiten erworben, die mich über die erforderlichen Kenntnisse hinaus qualifizieren?
- Sind meine tatsächlich ausgeübten Tätigkeiten Bestandteil einer anderen Entgeltgruppe?
- Ist meine Stelle zu niedrig bewertet, sodass eine Umgruppierung geprüft werden sollte?

Eine falsche Eingruppierung musst du als Arbeitnehmerin begründet darlegen und genau beweisen, dass die auszuübende Tätigkeit die Tätigkeitsmerkmale der angestrebten Entgeltgruppe erfüllt. Denn nicht du als Arbeitnehmerin wirst neu eingruppiert, sondern deine Arbeitsstelle.

Im öffentlichen Dienst hast du nach § 37 TVöD sechs Monate Zeit, eventuelle Ansprüche auf Mehr- oder Nachzahlung des entsprechenden Lohnes bei deinem Arbeitgeber schriftlich geltend zu machen. Hierzu gelten entsprechende verwaltungsrechtliche Verfahrensvorschriften, über die du dich im Vorfeld beim Personalrat informieren solltest.

Bei einem privatrechtlichen Arbeitsvertrag versuchst du am besten zuerst in einem Gespräch mit deinem Arbeitgeber eine neue Eingruppierung zu erreichen. Bei Ablehnung bleibt dir nur der Klageweg über eine Feststellungs- oder Leistungsklage vor dem Arbeitsgericht. Diesen Weg und die damit verbundenen Konsequenzen solltest du für dich im Vorfeld ganz genau abwägen.

Außer- und übertarifliche Leistungen

Wenn es um Geschlechtergerechtigkeit und das thematische Fundament für unser Buch hier – gleiches Gehalt für gleiche Arbeit – geht, wirst du bestimmt schon gelesen oder gehört haben: »Bei Tarifverträgen gibt es keine Ungleichheit, schließlich wird im tariflichen Gehaltsgefüge kein Unterschied zwischen Frau und Mann gemacht.« So tönt es vor allem aus Richtung der Gewerkschaften, die sich auf dem Arbeitsmarkt für ihre Tarife starkmachen. Doch da gibt es einen Haken: Erstens sind auch in tarifgebundenen Unternehmen die Gehälter von Führungskräften, die außerhalb des Tarifgefüges bezahlt werden, frei verhandelbar und zweitens gibt es auch innerhalb des tariflichen Rahmens frei verhandelbare Posten, nämlich die im Folgenden beschriebenen Zulagen und Leistungen.

Und diese über die tariflichen Leistungen hinausgehenden außer- oder übertariflichen Zulagen oder Leistungen solltest du in den Blick nehmen und für dich verhandeln. In der Praxis werden die Begriffe häufig miteinander verwechselt, aber es gibt Unterschiede.

Übertarifliche Zulagen können aus verschiedenen Gründen mit einzelnen Beschäftigten oder mit einer Gruppe von Beschäftigten vereinbart werden. Rechtsgrundlage der Zahlung können der Arbeitsvertrag, der Tarifvertrag oder die betriebliche Übung sein. Zudem spielen das AGB-Recht, die im Arbeitsrecht geltenden Generalklauseln, wie der § 138 BGB, sowie der allgemeine arbeitsrechtliche Gleichbehandlungsgrundsatz bei der Gewährung der Zulagen eine Rolle.[22]

Die Zulagen können aus unterschiedlichen Gründen vereinbart werden:

- Zulagen für Arbeit zu besonderen Zeiten (Nacht-, Wechselschicht-, Sonn-, Feiertagszulage)
- Erschwerniszulage (Arbeiten unter gesundheitsgefährdenden Bedingungen, wie Lärm, Schmutz, Hitze, Kälte, oder bei psychischen Belastungen)
- Arbeitsmarktzulage (weil Arbeitskräfte zum üblichen Entgelt nicht zu bekommen sind)
- Leistungszusage (freiwillige Leistung des Arbeitgebers)

Die Leistungszusage kann vom Arbeitgeber als freiwillige Leistung aufgrund einer arbeitsvertraglichen Einzelabrede, Gesamtzusage, Einheitsregelung oder betrieblichen Übung zusätzlich zum Grundentgelt gewährt werden. Sie erfolgt bei besonderer Leistung oder um Leistungsanreize zu setzen.

 Hier solltest du in deinem Interesse verhandeln. Dazu helfen dir folgende Gedanken:

- Mit welchen Leistungen oder Kenntnissen bin ich als Arbeitnehmerin besonders wertvoll für meinen Arbeitgeber?
- Welchen Anreiz kann mein Arbeitgeber setzen, damit mein Knowhow im Unternehmen bleibt?
- Welche Mehrleistung (qualitativ oder quantitativ) habe ich in den letzten drei bis sechs Monaten erbracht?
- Welche gute Idee habe ich eingebracht?

Von Außertarif-Angestellten (auch AT-Angestellte) sprechen wir, wenn diese nicht mehr nach dem Tarif ihres Arbeitgebers, sondern über die höchste Entgeltgruppe des Tarifvertrages hinausgehend bezahlt werden. Dieser Fall tritt ab einem gewissen Aufgabenspektrum ein. Ab wann eine Stelle als AT eingestuft wird, regelt der Tarifvertrag. Für dich als AT-Angestellte hat das entsprechende Folgen: Verbunden mit deinem höheren Gehalt übernimmst du deutlich anspruchs- und verantwortungsvollere Aufgaben. Überstunden werden vorausgesetzt und meist mit deinem Gehalt abgegolten, es sei denn, du hast hier gut verhandelt. Zudem musst du Sonderzahlungen, die im Tarifvertrag automatisch geregelt waren, individuell aushandeln. Die Differenz deines Gehalts zur höchsten tariflichen Vergütungsgruppe wird in Form des sogenannten Abstandsgebots in einer Größenordnung in Prozent definiert. Meist liegt diese bei 10 bis 25 Prozent. Aber auch hier gilt: Ausnahmen und dein Verhandlungsgeschick bestätigen die Regel.

💡 Folgende Punkte gilt es, genau zu prüfen und gegebenenfalls zu verhandeln:

- Gibt es in deinem Unternehmen eine Vertretung für die AT-Angestellten?
- Gibt es eine Vertretung für AT-Angestellte, die die Gehaltsbänder verhandelt (hat)?
- Informiere dich über die Größenordnung des für deine Position relevanten Gehaltsbandes.
- Sind für die AT-Angestellten zusätzliche Leistungspakete, Gratifikationen, Prämien verhandelbar?
- Gibt es Sonderzahlungen, wie Urlaubs- oder Weihnachtsgeld?
- Werden Überstunden zusätzlich abgegolten?
- Mit wie vielen Überstunden ist realistisch zu rechnen?

6

Der aktuelle oder der künftige Arbeitgeber: Passen wir zusammen?

Das Arbeitsverhältnis ist fast so etwas wie eine Partnerschaft auf Zeit. Schließlich verbringen wir werktäglich und teilweise auch am Wochenende mindestens acht bis neun, in leitenden Positionen wesentlich mehr Stunden mit und für unseren Arbeitgeber. Da sollte die Chemie schon stimmen, oder? Hinzu kommen weitere Aspekte, oder es verschieben sich unsere Prioritäten, die die Wahl unseres Arbeitgebers beeinflussen. Die fortschreitende Digitalisierung und der Trend zur Individualisierung rücken neben dem reinen Broterwerb das Sinnstiftende unserer Arbeit in den Fokus. Auch die Unternehmenskultur wird immer wichtiger, wie eine Studie des Karriereportals Monster zeigt.[23] Du kannst dich vor dem Einstieg in das Unternehmen neben branchenspezifischen Aspekten, wie Zukunftsaussichten, Entwicklungen und besonderen Herausforderungen, mit dem Unternehmen im Besonderen beschäftigen.

Mache dir in diesem Zusammenhang auch Gedanken zu deiner Motivation, beim ausgewählten Arbeitgeber anzuheuern:
- Wie wichtig ist es mir, so schnell wie möglich einen (neuen) Job zu haben?
- Nehme ich das erstbeste Arbeitsangebot an?
- Ist es mir vordergründig nur wichtig, dieses Unternehmen als Station in meinem Lebenslauf zu haben?
- Wie passt die Aufgabenbeschreibung zu meinem Werteverständnis?
- Inwiefern habe ich in meinem Arbeitsalltag Gestaltungsspielraum?

- Wie interessant ist die ausgeschriebene Stelle in Hinblick auf meine berufliche und persönliche Weiterentwicklung für mich?

Auch im bestehenden Arbeitsverhältnis kannst du dich zum Beispiel fragen:

- Bin ich (noch) am richtigen Ort?
- Kann ich mein Potenzial hier einbringen?
- Wie ist die Zusammenarbeit mit den Kolleginnen?
- Wie sehen die nächsten sechs bis zwölf Monate hier konkret für mich aus?
- Werden meine Ideen oder Verbesserungsvorschläge wahr- und angenommen?
- Welche Entwicklungsperspektive habe ich hier mittel- und längerfristig?

Unternehmenskultur, Werte, Umgangsformen, Führungsstil

Wir verspüren zunehmend den Wunsch, unsere Karrieren und unsere aktive Lebensarbeitszeit der individuellen Lebensplanung anpassen zu können. Auch wenn der Rahmen in vielen Unternehmen zumindest auf dem Papier schon stimmt, so lässt die gelebte Kultur in vielen Bereichen noch zu wünschen übrig. Eine Panelumfrage von Roland Berger und der *WELT* unter 159 deutschen Führungskräften offenbart, dass die Unternehmen auf die wachsenden Ansprüche der Beschäftigten nach einer umfassenden Vereinbarkeit von Beruflichem und Privatem noch nicht gut vorbereitet sind.[24] Auf der anderen Seite hat die Coronapandemie dazu geführt, dass sich das Bewusstsein für die Vereinbarkeit von Familie und Beruf in den Unternehmen gewandelt hat.[25] Aus vielen Fällen weiß ich, dass hierzu kontrovers diskutiert wird und noch lange nicht alle Arbeitgeber oder Führungskräfte bereit für das »neue Normal nach Corona« sind.

Schau dir deshalb deinen jetzigen Arbeitgeber oder dein Zielunternehmen näher an:

- Wie ist die Unternehmenskultur?
- Und welcher Führungsstil wird gelebt?
- Welche Werte vertritt das Unternehmen?
- Dient der Tischkicker im Eingangsbereich nur Dekorationszwecken?
- Sind Agilität, flache Hierarchien und kurze Kommunikationswege nur nette Beschreibungen aus der Stellenanzeige?
- Sind Ideen seitens der Mitarbeitenden willkommen?
- Werden Misserfolge und der Erkenntnisgewinn daraus genauso offen kommuniziert wie Erfolge?
- Gibt es eine offene Kommunikationskultur, oder behält man Ideen und Verbesserungsvorschläge lieber für sich?
- Werden Teamarbeit und Kollegialität wertgeschätzt und gefördert?
- Wird an einem Strang gezogen oder herrscht starres Silodenken vor?
- Wird unter Vereinbarkeit von Familie und Beruf lediglich das Angebot von Teilzeitstellen oder einmal pro Woche Homeoffice verstanden?
- Macht das Unternehmen den Mitarbeitenden familienfreundliche Angebote, die es erlauben, unter mehreren Arbeitszeitmodellen gemäß der situativen Lebensphase zu wählen?
- Kannst du dich auch nach deiner Elternzeit im Unternehmen weiterentwickeln?
- Wie sehr leben die Führungskräfte im Unternehmen Flexibilität und Familienfreundlichkeit vor und nehmen dadurch eine Vorbildfunktion ein?
- Haben die Führungskräfte und das Management ein gemeinsames Verständnis der Unternehmensvision?

- Wie sehr leben die Führungskräfte tatsächlich die entwickelte Unternehmensvision?

Im Netz findest du auf den einschlägigen Job- und Karriereportalen Informationen zu Fragen der Unternehmens- und Führungskultur. Portale wie Kununu, Indeed oder Glassdoor veröffentlichen Arbeitgeberbewertungen von Mitarbeitenden, Bewerberinnen und Praktikanten.

Talentmanagement, Aufstieg, Karrieremöglichkeiten

Schau dir dein bestehendes Arbeitsverhältnis auch in Hinblick auf deine persönlichen Bedürfnisse an. Vielleicht gehörst du zu den Menschen, die eine schnelle Auffassungsgabe haben, sich bei monotonen Arbeitsabläufen schnell langweilen und neue Herausforderungen brauchen wie andere die Luft zum Atmen. Oder du fühlst dich dann wohl, wenn du deinen Arbeitsalltag oder deine Arbeitswoche im Vorfeld genau planen kannst. Brauchst du einen engen oder einen weiteren Rahmen, innerhalb dessen du dich bewegen und deinen Arbeitstag strukturieren kannst?

Anhand der nachfolgenden Aspekte kannst du einmal hinterfragen, wie es um deine Weiterentwicklung im Unternehmen bestellt ist:
- Kannst du dich im bestehenden Job weiterentwickeln, wenn du das möchtest?
- Welche Programme gibt es zur Entwicklung der Mitarbeitenden?
- Hast du eine Führungskraft, mit der du auf Augenhöhe kommunizieren kannst?
- Wie sehr wirst du ernst genommen?
- Werden deine Potenziale erkannt und gefördert?

- Findet im Unternehmen eine Vernetzung über die verschiedenen Abteilungen hinweg statt, wird die übergreifende Kommunikation gefördert?

Hinterfrage in regelmäßigen Abständen deine Situation im Job. Schau, was sich konkret verändert hat und wie die Zukunftsaussichten deines Arbeitgebers und der Branche, in der du arbeitest, sind.

Wenn du für dich feststellen kannst, dass die Rahmenbedingungen stimmen, du für dich zufrieden bist, dann bleibt nur zu sagen: Haken dran, alles richtig gemacht.

Für den Fall, dass du auf der Stelle trittst, dich nicht ausgelastet fühlst oder die Arbeitstage dich größte Überwindung kosten, ist es Zeit, etwas zu ändern. Mache dazu eine Bestandsaufnahme, hinterfrage deine Ziele und deine Bedürfnisse. Schau, was sich konkret verändert hat oder was zu dieser Situation geführt hat. Gibt es Punkte, die du ändern kannst? Wie groß ist dein Anteil an der Situation? Hast du Verschiedenes unternommen, Gespräche geführt und die Themen auf den Tisch gebracht? Hat sich nichts verändert und hast du den Eindruck, auf taube Ohren zu stoßen? Dann bleibt dir, die Konsequenz zu ziehen, getreu dem altbekannten, aber, wie ich finde, immer wieder treffenden Motto: »Love it, change it or leave it.«

TEIL II:
KLARHEIT GEWINNEN

7

Klarheit über die eigene Situation – denn Leben ist Veränderung

Immer dann, wenn ich mit Menschen, die bereits einen Großteil ihres beruflichen Weges zurückgelegt haben, über die Themen meines Buches spreche, kommt als Reaktion: »Wie ich mich auf Gehaltsverhandlungen vorbereite oder dass ich überhaupt mein Gehalt verhandeln kann, das hätte ich damals wissen sollen.«

»Absolut richtig«, entgegne ich, um dann hinzuzufügen: »Es ist nie zu spät.«

Denn es ist nie zu spät für dich, dich mit deinem Werdegang, mit deiner Leistung und vor allem mit dem Wert deines Wirkens zu beschäftigen. Du gibst dem Ganzen das maßgebende Gewicht, das du in der Verhandlungssituation in die Waagschale wirfst. Das ist ein wesentlicher Schritt zur Selbstannahme. Und hier gibt es kein »zu spät«, sondern immer einen passenden Zeitpunkt und der ist: jetzt.

Mit der passenden Vorbereitung und einer selbstbewussten Haltung zu Verhandlungen und der Gehaltsverhandlung im Besonderen stellst du die Weichen für den Verlauf deines Werdegangs. Und das bereits mit deinem Berufsstart, so viel ist klar. Aber bitte streiche das Wort »hätte« aus deinem aktiven Wortschatz, für den Fall, dass du dieses Buch mit einer langjährigen Berufserfahrung liest, dich auf dem Weg in die C-Suite befindest oder bereits dort angekommen bist, wo du schon immer hinwolltest. Das Leben birgt interessante, herausfordernde und lehrreiche Wendepunkte. Ich habe vor wenigen Jahren auch nicht geglaubt, dass ich dieses Buch tatsächlich schreiben werde.

Vor diesem Hintergrund können wir die nachfolgende Grafik unter verschiedenen Aspekten betrachten. Wir haben eine gegenläufige Entwicklung mit sinkendem Frauenanteil bei gleichzeitig wachsendem Gehaltsunterschied im Verlauf von vielen typischen Erwerbsbiografien.

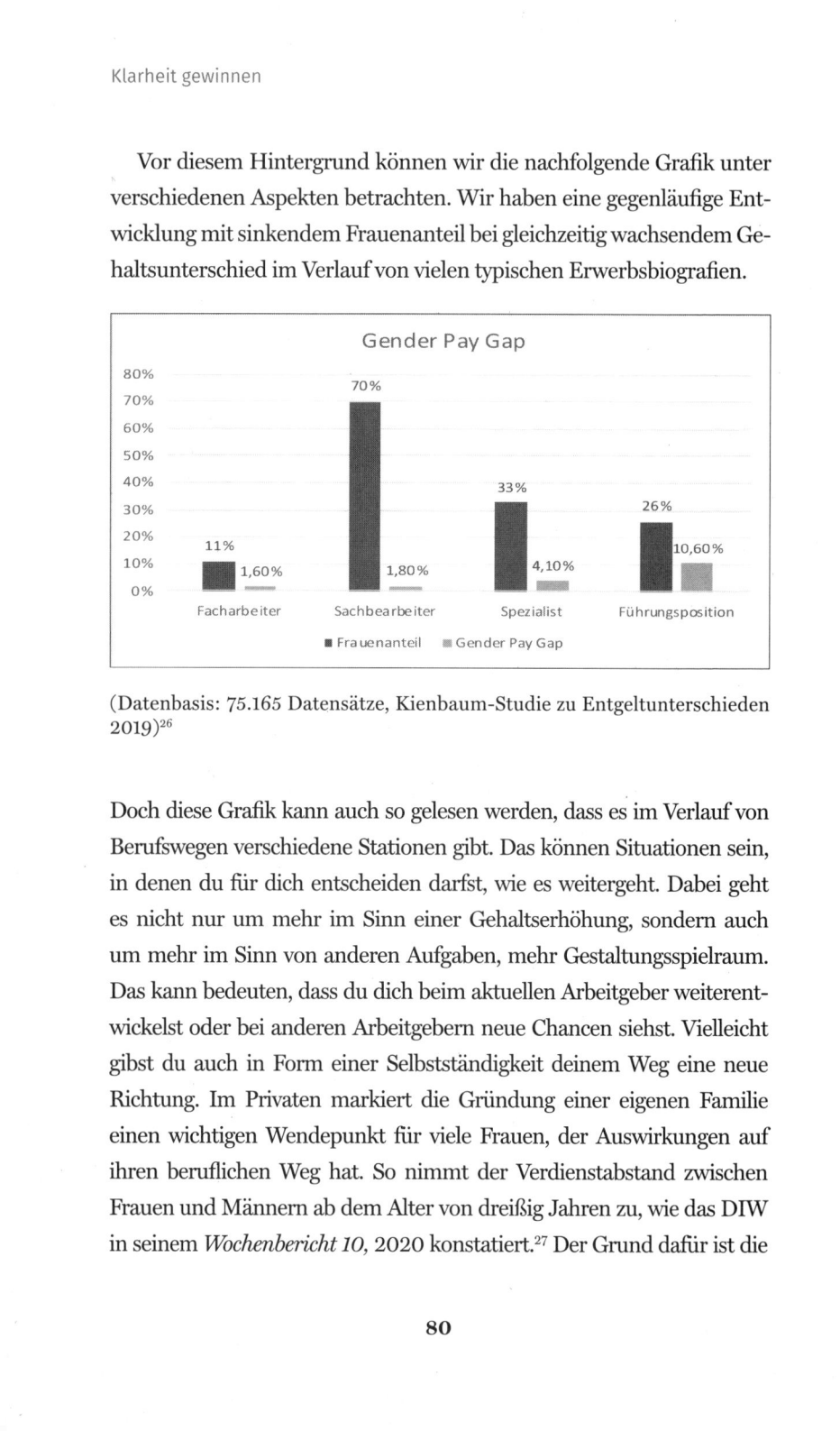

(Datenbasis: 75.165 Datensätze, Kienbaum-Studie zu Entgeltunterschieden 2019)[26]

Doch diese Grafik kann auch so gelesen werden, dass es im Verlauf von Berufswegen verschiedene Stationen gibt. Das können Situationen sein, in denen du für dich entscheiden darfst, wie es weitergeht. Dabei geht es nicht nur um mehr im Sinn einer Gehaltserhöhung, sondern auch um mehr im Sinn von anderen Aufgaben, mehr Gestaltungsspielraum. Das kann bedeuten, dass du dich beim aktuellen Arbeitgeber weiterentwickelst oder bei anderen Arbeitgebern neue Chancen siehst. Vielleicht gibst du auch in Form einer Selbstständigkeit deinem Weg eine neue Richtung. Im Privaten markiert die Gründung einer eigenen Familie einen wichtigen Wendepunkt für viele Frauen, der Auswirkungen auf ihren beruflichen Weg hat. So nimmt der Verdienstabstand zwischen Frauen und Männern ab dem Alter von dreißig Jahren zu, wie das DIW in seinem *Wochenbericht 10*, 2020 konstatiert.[27] Der Grund dafür ist die

Teilzeitbeschäftigung, der Frauen familienbedingt häufiger nachgehen, und Teilzeitarbeit wird im Schnitt pro Stunde deutlich schlechter bezahlt.

Und, um es an dieser Stelle gleich vorwegzunehmen, hier geht es nicht darum, was richtig, was falsch oder was sinnvoll oder weniger sinnvoll ist. Ob du eine erfolgreiche Laufbahn mit oder ohne Kind einschlägst, mit oder ohne Familie lebst, eine Karriere im Konzern anstrebst, ein Start-up gründest oder Grundschullehrerin wirst – mache das, was du machen möchtest, und stehe dazu. Schöpfe im eigenen Interesse alle sich dir bietenden Möglichkeiten aus.

Ob du bereits einige Stufen auf der berühmten Karriereleiter erklommen hast oder ob du dich ganz am Anfang deiner beruflichen Laufbahn befindest, spielt für die Auseinandersetzung mit deinen Zielen keine Rolle, denn Lebensentwürfe und damit verbundene Zielsetzungen können sich ändern. Was dir vor fünf Jahren wichtig war, kann heute auf deiner Werteskala nach unten gerückt sein. Zudem verfügst du über Erfahrungen, die dich mit anderen Augen auf deine aktuelle Lage, dein Aufgabenspektrum, deine Organisation und deinen bisherigen Weg blicken lassen.

Und deshalb ist der passende Zeitpunkt, deine Ziele durchzusetzen und für diese einzustehen, jetzt. Zögere nicht aus falscher Bescheidenheit heraus, etwa, weil du »es auch früher nicht getan hast« oder »es einfach zu spät ist« oder »die anderen ohnehin besser sind« als du selbst. Das sind Gedanken, mit denen du dich selbst torpedierst, ohne die Möglichkeiten überhaupt zu eruieren, die sich dir bieten. Deshalb findest du nachfolgend verschiedene Situationen, die dir auf deinem beruflichen Weg begegnen können. Manche hast du bereits hinter dir, manche vielleicht noch vor dir.

Doch bevor du den nächsten Schritt in die Veränderung gehst, brauchst du Klarheit. Es geht zunächst darum, eine Standort- und damit Wertbestimmung durchzuführen, um zu wissen, wo du stehst, was du erreichen willst und was du konkret verhandeln möchtest. Mit dieser Klarheit wirst du eine stabile Position in der Verhandlungssituation einnehmen können, um dein Verhandlungsziel (dein Gehalt oder einen Preis) erreichen zu können.

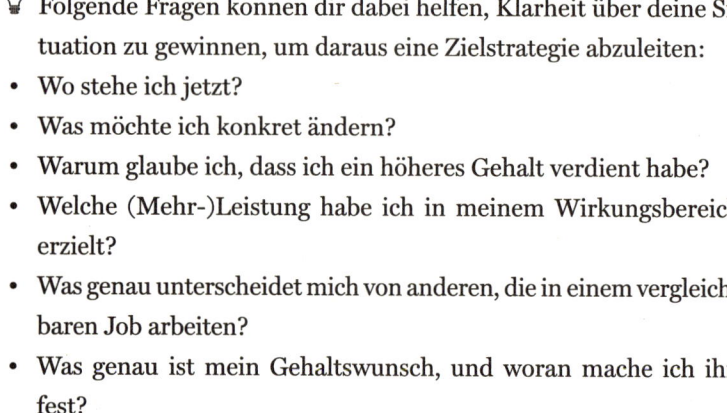 Folgende Fragen können dir dabei helfen, Klarheit über deine Situation zu gewinnen, um daraus eine Zielstrategie abzuleiten:

- Wo stehe ich jetzt?
- Was möchte ich konkret ändern?
- Warum glaube ich, dass ich ein höheres Gehalt verdient habe?
- Welche (Mehr-)Leistung habe ich in meinem Wirkungsbereich erzielt?
- Was genau unterscheidet mich von anderen, die in einem vergleichbaren Job arbeiten?
- Was genau ist mein Gehaltswunsch, und woran mache ich ihn fest?
- Was bedeutet mir ein höheres Gehalt?
- Mal angenommen, ich bekäme mehr Gehalt, was wäre dann anders?

Der Berufseinstieg: Von Anfang an die Weichen für die Zukunft stellen

»Für den Einstieg in den Berufsalltag fühle ich mich dank Ihrer wertvollen Tipps in puncto Gehaltsverhandlungen nun sicherer, weil ich mir etwas darunter vorstellen kann und sehen konnte, was ich mir als Neuling auch erlauben darf – dass ich mich auf Augenhöhe mit dem Arbeitgeber fühlen und mir selbst etwas wert sein darf. Diese Erkenntnis stärkt mir schon jetzt den Rücken.«

Jana O., 23, Teamassistentin in einer PR-Agentur

Als Berufsanfängerin kannst du schon von Anfang an die Weichen für deine berufliche Weiterentwicklung stellen, wie weiter oben bereits angemerkt. Beschäftige dich gründlich mit deinem Marktwert, deinen Zielen und dem, was gerade dich als Arbeitnehmerin ausmacht. Recherchiere Gehälter und trau dich, im Bewerbungsgespräch beim erstbesten Gehaltsvorschlag nachzuhaken. Erlaube dir, nachzufragen und in die sachliche Auseinandersetzung zu gehen.

In der freien Wirtschaft gilt: Alles ist verhandelbar. Und alles wird verhandelt. Es werden Preise für Maschinen, für Soft- und Hardware, für Büroausstattungen, für den Fuhrpark des Unternehmens, für Rohstoffe, Grundstücke, für Mieten und so weiter verhandelt.

Gleiches gilt für das (Einstiegs-)Gehalt. Nur Mut. »Man bekommt nicht das, was man verdient, sondern das, was man verhandelt«, so ein passender Kalenderspruch, der befolgt werden darf. Oft werde ich gefragt: »Warum soll ich überhaupt nach mehr Gehalt fragen, warum gebe ich mich nicht einfach mit dem zufrieden, was mir angeboten wird, schließlich ist das mein erster Job?« Genau deswegen, weil es der erste Job ist und weil du hier die Weichen für den Verlauf deines Berufslebens stellst. Du machst hier deine ersten wichtigen Erfahrungen, was das Verhandeln im geschäftlichen Kontext betrifft. Du zeigst, dass du dich mit der Situation auseinandersetzt und sie hinterfragst. Du beweist deinem Gegenüber, dass du die Angelegenheit ernst nimmst, dass du dich für eine angemessene Kompensation der von dir erwarteten Leistungen einsetzt. Du offenbarst damit ein gesundes Selbstwertgefühl und dass du bereit bist, nachzuhaken. Das ist im Arbeitsalltag, wenn es um Auseinandersetzungen mit Kunden oder schnelle Entscheidungen geht, eine wichtige Haltung. Deshalb rate ich jeder Berufseinsteigerin: informieren, recherchieren und verhandeln!

Denn hier lauert eine Falle: die Selbsteinschätzung. Gerade wir Frauen schätzen unser Einstiegsgehalt wesentlich niedriger ein als die männlichen Kollegen (siehe **Die selbsterfüllende Prophezeiung**

und das Rollenbild der Frau in Kapitel 2), was dazu führt, dass wir uns mit weniger Gehalt zufriedengeben und gar nicht nachhaken, ob noch mehr drin wäre. Kommt es im Bewerbungsgespräch zur Frage aller Fragen, nämlich der nach unserer Gehaltsvorstellung für diese Stelle, geben wir tendenziell eine niedrigere Zahl an. Noch kniffliger wird es, wenn wir ganz bewusst nach unserer »untersten Schmerzgrenze«, also unserem niedrigsten Gehaltswunsch für diese Stelle, gefragt werden. Wie reagierst du in so einer Situation? Gibst du bereitwillig dein Minimum, deinen niedrigsten Preis, an?

Vorsicht, Finte! Warum wird nach deinem niedrigsten Gehaltswunsch gefragt?

Ganz einfach: Warum sollte jemand mehr bezahlen, wenn es günstiger geht? In einer Verhandlung ist der erstgenannte Wert (Angabe, Zahl oder Preis) der stärkste Wert, denn er beeinflusst den weiteren Verlauf der Verhandlung. Diese erstgenannte Zahl, auch Anker genannt, dient als Referenzwert, zu dem im weiteren Verlauf des Gesprächs alle weiteren Zahlen oder Angaben in Relation gesetzt werden. Je niedriger dieser Anker, desto schwieriger ist ein Höher- oder Nachverhandeln. Mehr zum Ankereffekt erfährst du in Kapitel 14 unter **Unser Denken macht es möglich: Tricks, Kniffe und Manipulation.**

Fazit für dich als Berufsanfängerin:
- Setze dich mit deinem Marktwert auseinander.
- Recherchiere zu Gehältern.
- Recherchiere zum künftigen Arbeitgeber.
- Mache dir deine Einstellung zu Geld bewusst.
- Leite deine Ziele ab.
- Beschäftige dich mit deiner Sprache, Sprechweise und Körpersprache.

Die Gehaltserhöhung als Extra: Mehrarbeit, Sonderleistung? Mehr Gehalt!

»Wann ist der richtige Zeitpunkt für eine Gehaltserhöhung?«, werde ich oft gefragt. Hier halte ich es mit den Juristen: Es kommt drauf an! Für einen angestrebten Gehaltssprung im bestehenden Arbeitsverhältnis ist deine individuelle Arbeitssituation entscheidend. Grundsätzlich solltest du dann eine Gehaltserhöhung – wobei ich das Wort Gehaltsanpassung vorziehe – anstreben, wenn du eine deutlich erkennbare – und messbare – Mehrleistung erbringst beziehungsweise über einen längeren Zeitraum erbracht hast.

Hier passiv zu bleiben und abzuwarten, bis die eigene Mehrleistung von allein auffällt oder der Arbeitgeber von selbst eine Gehaltserhöhung ausspricht, führt nicht zum Ziel. Es wird nichts passieren. Warum auch? In den Augen der Vorgesetzten oder der Unternehmensleitung läuft doch alles bestens. Gute und engagierte Mitarbeiter sind immer gern gesehen.

Du kennst deinen Job selbst am besten und kannst anhand deines Arbeitsalltags nachvollziehen, wie sich das Arbeitspensum im Vergleich zum ursprünglichen Aufgabenpaket und zur Aufgabenbeschreibung verändert hat. Vielleicht hast du einen entscheidenden Beitrag zum Umsatzwachstum geleistet oder ein wichtiges Projekt erfolgreich und termingerecht abgewickelt?

Folgende Überlegungen und Fragen können dich hier unterstützen:

- Sind mehr Aufgaben als in der ursprünglichen Arbeitsbeschreibung hinzugekommen?
- Habe ich mehr oder größere Projekte koordiniert, betreut oder abgewickelt?
- Habe ich Kolleginnen angelernt oder auch geführt?

- Habe ich entscheidende Erfahrungswerte, die künftig für mehr Effizienz und noch bessere Arbeitsergebnisse sorgen, dazugewonnen?
- Habe ich entscheidende Prozesse mit nachhaltiger Auswirkung auf die Wertschöpfungskette des Unternehmens optimiert?
- Habe ich einen wichtigen, umsatzstarken Kunden reaktiviert oder zurückgewonnen?
- Ist die Urlaubsvertretung für den Kollegen zusätzlich zum eigenen Aufgabenbereich besonders gut gelaufen?
- Habe ich eigene Ideen zur Produkt- oder Prozessverbesserung beigesteuert?
- Konnte ich im Einkauf besonders gute Konditionen (zum Beispiel für die neue Software) erzielen?
- Habe ich einen guten Kooperationspartner für das Unternehmen identifiziert und angebunden?

Es empfiehlt sich, die eigene Mehrleistung und Erfolge festzuhalten. Dazu werden Herausforderungen, Erkenntnisse, Erfolge und Lernerfahrungen in einem Projekttagebuch, einer elektronischen Datei oder auf dem Whiteboard dokumentiert. Dies hilft dir im späteren Gespräch mit der Vorgesetzten, die eigene Mehrleistung greifbar zu machen, denn wenn du diese nicht kommunizierst oder sichtbar machst, geht sie unter. Stichwort: Werbung in eigener Sache, mehr dazu in Kapitel 8 unter **Werde laut und sichtbar! Warum PR in eigener Sache sinnvoll ist.** Wenn du schweigend so weitermachst und dir noch mehr Arbeit auflädst oder aufladen lässt, zeigst du erstens, dass du nicht Nein sagen und keine Grenzen setzen kannst, und zweitens, dass du dieser Mehrleistung selbst nicht so viel Wert beimisst. Warum sollte das dein Vorgesetzter tun? Deine Mehrleistung verdient Wertschätzung. Und hiermit ist kein Inflationsausgleich in Höhe von 1,5 Prozent bis 2 Prozent gemeint.

Du hast eine Holschuld!

Erlaube dir, deine Situation zu hinterfragen und dir nicht alles gefallen zu lassen. Du darfst die Haltung entwickeln, dass du es verdient hast, angemessen bezahlt zu werden.

Folgende Fragen können dir dabei helfen:

- Bin ich da, wo ich jetzt bin, zufrieden und erfüllt?
- Kann ich mein Potenzial voll ausschöpfen?
- Was müsste sich ändern, damit ich zufrieden wäre?
- Wenn ich etwas an meinem Job ändern könnte, was genau wäre das und warum?
- Was ist mein Anteil an der derzeitigen Situation?
- Werde ich angemessen bezahlt?
- Woraus schließe ich, dass ich nicht ausreichend bezahlt werde?
- Was kann ich konkret dagegen tun?
- Habe ich momentan den Mut oder die Kraft dazu, eine Gehaltserhöhung, besser: Gehaltsanpassung, einzufordern?
- Wenn nein, wer könnte mir helfen, in meine Kraft zu kommen und eine gute Strategie für meine Gehaltsanpassung zu entwickeln?

Die Beförderung: Mehr Verantwortung ist mehr wert

Eine einfache Ausgangslage für eine Gehaltsanpassung ist die Beförderung. Hier wird die bisherige Leistung anerkannt, offiziell honoriert, und es wird einem noch mehr zugetraut. Mehr Verantwortung, vielleicht ein größerer Entscheidungsspielraum und definitiv mehr Leistung!

Vor lauter Freude über diese Anerkennung solltest du die monetäre Wertschätzung nicht aus den Augen verlieren und dich nicht nur mit einem schönen neuen Titel auf der Visitenkarte abspeisen lassen. Das neue Aufgabenpensum und ob du Führungsverantwortung übernimmst, sollte sich auch im Gehalt widerspiegeln.

Auch hier gilt: recherchieren, informieren, Strategie entwickeln. Gehälter zu deiner neuen Position lassen sich in den einschlägigen Portalen recherchieren. Zudem sollten das Gehaltsgefüge im eigenen Unternehmen und typische Gehaltssprünge und -entwicklungen einigermaßen geläufig sein. Ein höheres Gehalt wird in aller Regel mit der Übernahme von Führungsaufgaben erreicht.

Strategie: Solltest du mit der Beförderung nicht automatisch ein höheres Gehalt erhalten, vereinbare zeitnah einen Termin, mit dem Wunsch, weitere Details, verbunden mit dieser neuen Funktion, zu besprechen.

Junge Wissenschaftlerin? Mit Köpfchen und Entschlossenheit ans Ziel!

Viele Nachwuchswissenschaftlerinnen starten nach ihrem Studium und mit ihrer Dissertation in der Tasche richtig motiviert durch, bis sie irgendwann feststellen, manchmal mit Mitte vierzig, manchmal schon früher, dass sie sich die letzten Jahre für ihre Forschungsarbeit aufgerieben und sich dabei von befristeter Stelle zu befristeter Stelle gehangelt haben. Sie sind nirgendwo richtig, im Sinn einer zumindest auf Sicht planbaren Stelle, angekommen.

Ihre wissenschaftliche Arbeit verrichten sie in der – unbezahlten – Freizeit, denn freie Stellen werden häufig als 50-Prozent-Stelle ausgeschrieben. Es bleibt ein beständiges Gefühl der Unsicherheit, wie es nach den 12 oder 18 Monaten der Befristung weitergeht. Die kleine Wohnung wird gar nicht groß eingerichtet, die neue Stadt ist wieder nur eine Station auf der Karte, ein blinder Fleck, denn viel Zeit, um sich hier umzusehen, bleibt nicht.

Das Schicksal des sogenannten akademischen Mittelbaus, sprich all derjenigen, die als Doktorandinnen, Stipendiatinnen, wissenschaftliche Hilfskräfte, Lehrbeauftragte, Privatdozentinnen und Juniorprofessorinnen im universitären Umfeld arbeiten, macht weder Appetit darauf, die eigene Lebensarbeitszeit der Wissenschaft und Forschung zu widmen, noch klingt es motivierend. Die Twitter-Kampagnen #unbezahlt (2018) und #IchbinHanna (2021) machten auf die prekäre Lage des wissenschaftlichen Nachwuchses aufmerksam. Mitnichten hat sich hier in den letzten Jahren etwas getan, auch wenn es anderslautende Bestrebungen gab.

Im Elfenbeinturm der unbefristeten Beschäftigung

Laut dem vom Bundesministerium für Bildung und Forschung vorgestellten Bundesbericht *Wissenschaftlicher Nachwuchs 2021* arbeiten 92 Prozent des wissenschaftlichen und künstlerischen Personals an Hochschulen in befristeten Arbeitsverhältnissen. Mehr als die Hälfte der Verträge hat eine Laufzeit von unter einem Jahr. Bei Promovierenden liegt die durchschnittliche Vertragslaufzeit etwa bei 22 Monaten, bei Postdocs bei 28 Monaten, und die durchschnittliche Promotionsdauer beträgt 4,7 Jahre.[28]

Die Praxis der Befristung können wir dem im Jahr 2007 eingeführten Wissenschaftszeitvertragsgesetz entnehmen, das in seiner ursprünglichen Fassung keine Aussagen über die Länge der einzelnen Vertragsbefristungen traf. Auch dessen Novelle aus dem Jahr 2016 erlaubt weiterhin Befristungen. Zwar sollte gegen Kurz- und Kettenbefristungen mit der Dauer von einem Jahr und weniger vorgegangen werden, dennoch bleibt die Befristung bei Qualifizierungsstellen gängige Praxis.

Die sogenannte 12-Jahres-Regelung erlaubt die Befristung von Arbeitsverträgen bis zu 12 Jahre, bei medizinischen Wissenschaftlern sogar bis zu 15 Jahre. Sie besteht aus zwei Phasen. Phase 1 ist die wissenschaftliche Qualifizierung, also die Zeit, in der nicht promovierte Wissenschaftlerinnen mit dem Ziel, ihre Promotion abzuschließen, wissenschaftlich tätig werden dürfen. Nach der Promotion folgt Phase 2, die Postdoc-Phase, für weitere sechs Jahre.

Für den Fall, dass eine Stelle durch Drittmittel finanziert wird, sind beliebig viele Befristungen bei Arbeitsverträgen erlaubt. Hier sind die arbeitsrechtlichen Bestimmungen aus der Privatwirtschaft, die Befristungen von Arbeitsverträgen ohne Sachgrund für maximal zwei Jahre erlauben und Kettenbefristungen ohne Sachgrund grundsätzlich verbieten, so gut wie aufgehoben.

Auf diese Weise konkurriert der wissenschaftliche Nachwuchs unter massivem Druck um eine begrenzte Anzahl von Professuren. Unter dem wissenschaftlichen Personal machen die Professoren nur 10 Prozent aus. Viele Professuren bleiben unbesetzt, weil Berufungen mancherorts erst gar nicht durchgeführt werden, da Mittel für Sanierungen von Gebäuden oder Laboren fehlen, der Berufungsprozess an sich sehr zeitintensiv ist oder die Hochschulen um geeignete Köpfe konkurrieren. Dennoch leisten wir uns im internationalen Vergleich eine ungleich hohe Anzahl von Doktoren, wie die *Berliner Zeitung* konstatierte,[29] denen eine wissenschaftliche Karriere mit Aussicht auf eine Dauerbeschäftigung in den allermeisten Fällen verwehrt bleibt.

Als stellte diese Ausgangslage für sich gesehen nicht schon eine große Herausforderung dar, dürfen sich die Wissenschaftlerinnen zudem um die Einwerbung von Drittmitteln für ihre – befristeten – Stellen kümmern. Denn die Forschung an unseren Universitäten ist mittlerweile zu 50 Prozent drittmittelfinanziert.[30] Diese Mittel stammen von der Deutschen Forschungsgemeinschaft (DFG), vom Bund, von der gewerblichen Wirtschaft und von Stiftungen. Mittlerweile ist die erfolgreiche Einwerbung von Drittmitteln zu einem wichtigen Auswahlkriterium für Berufungsverfahren geworden.

Im Schnitt bleibt nur jeder fünfte Promovierte an einer Hochschule oder Forschungseinrichtung, während jeder dritte Promovierte in den öffentlichen Dienst oder in die Wirtschaft wechselt. Die Folge: Wissen geht den Instituten verloren. Für echte Forschung und Entwicklung fehlt Zeit und die nötige Kapitalausstattung.

Taxifahren mit Doktortitel?

Eine Taxifahrt mit einem Doktor am Steuer habe ich schon des Öfteren genießen dürfen. Nach solchen Fahrten fängt mein Kopf immer an zu rattern: Warum musste dieser Mensch seine akademische Laufbahn aufgeben? Warum wird sein Wissen in der Wirtschaft nicht gebraucht? Hätte er vielleicht woanders seine Talente einbringen können? Als Lehrer? Oder in einem ganz anderen Bereich? Hat er Möglichkeiten übersehen? Warum hat er so spät erkannt, dass es an der Uni für ihn nicht mehr weiterging? Gab es Brüche oder Situationen in seiner Biografie, in denen er einen anderen Weg hätte einschlagen können? Nicht dass ich etwas gegen eine Taxifahrt mit gepflegter Konversation habe, bei der ich dazulernen kann, im Gegenteil. Doch für einen guten Personenbeförderungsservice muss niemand studiert und schon gar nicht promoviert haben. Bevor ich weiter abschweife, zurück zu dir.

Du willst es wirklich wissen? Auf dem Weg zur Professorin bieten sich dir mehrere Möglichkeiten, auf die im Folgenden kurz eingegangen wird.

Das Förderprogramm »Eigene Stelle«

Du hast es geschafft. Deine Dissertation ist geschrieben, gebunden und wartet auf die Einreichung beim Prüfungsamt deiner Universität. Damit du schon früh in die wissenschaftliche Selbstständigkeit kommen und das eigene Forschungsprofil weiterentwickeln kannst, bietet die DFG ein Förderprogramm namens »Eigene Stelle«. Den

Antrag auf eine »Eigene Stelle« kannst du stellen, sobald du deine Dissertation beim zuständigen Prüfungsamt eingereicht hast. Vorteil bei Bewilligung der »Eigenen Stelle« für dich ist, dass du weisungsfrei forschen kannst, also nicht mehr überwiegend als Dienstleisterin für eine Professorin oder einen Professor fungierst, sondern dich vollkommen deinem Forschungsprojekt widmen kannst. Dabei werden dein Gehalt und gegebenenfalls weitere Mittel für Personal oder Sachmittel für die Dauer des Forschungsprojektes finanziert. Wichtig ist, dass du dir im Vorfeld eine Gasteinrichtung suchst, an der du dein Forschungsvorhaben unter optimalen Bedingungen durchführen kannst. Im Zug der Beantragung der »Eigenen Stelle« muss das von dir gewählte Institut sich bereit erklären, mit dir einen Arbeitsvertrag zu schließen und dir zu bestätigen, dass du weisungsfrei und ausschließlich an deinem Projekt arbeiten und hierfür die institutseigenen Räumlichkeiten und Infrastruktur nutzen darfst.

Durch eine »Eigene Stelle« kommst du in den Genuss, dein Forschungsprofil weiterzuentwickeln, die Einrichtung dafür selbst zu wählen und früh in die wissenschaftliche Selbstständigkeit zu gelangen. Zudem bist du sozialversichert. Ein Nachteil ist, dass du schlechter in die institutionellen Abläufe deiner Hochschule eingebunden bist und keine weiteren Nebentätigkeiten möglich sind, da die »Eigene Stelle« als Vollzeitstelle konzipiert ist.

Informiere dich dazu schon frühzeitig bei deinem Institut und bei der Geschäftsstelle der DFG in Bonn, deren Dienststelle in Berlin sowie auf deren Seiten im Netz. Ähnliche Förderprogramme und gut aufbereitete Informationen dazu werden auch von der Helmholtz-Gemeinschaft und der Max-Planck-Gesellschaft angeboten.

Statt Habilitation: Die Juniorprofessur

Als junge Wissenschaftlerin kannst du dank der fünften Novelle des Hochschulrahmengesetzes aus dem Jahr 2002 auch ohne Habilitation, dafür mit herausragender Promotion, zur Juniorprofessorin berufen werden. Damit werden dir schon früh die unabhängige Forschung und Lehre sowie die Perspektive auf eine wissenschaftliche Karriere mit dem Ziel der Professorin ermöglicht. Nach einer erfolgreichen Zwischenevaluation, die nach etwa drei Jahren stattfindet, kannst du auf eine Verlängerung der Stelle um weitere sechs Jahre hoffen. Damit wird gleichzeitig die Berufungsfähigkeit auf eine unbefristete Professur festgestellt. Diese unbefristete Professur winkt als langfristiges Ziel. Die Chancen dafür stehen gut, wie eine Studie des Centrums für Hochschulentwicklung aus dem Jahr 2014 zeigt. Demnach erhielten 85 Prozent der Juniorprofessoren eine Professur.[31] Als Juniorprofessorin wirst du nach W 1 der Besoldungsordnung W des Bundesbesoldungsgesetzes und der Landesbesoldungsgesetze besoldet. Die planmäßigen, unbefristeten Professuren werden nach W 2 und W 3 besoldet. Dabei kann das Grundgehalt erweitert werden, indem mit der Hochschule leistungsabhängige Zuschläge individuell, dauerhaft oder befristet, vereinbart werden.

Deshalb solltest du in deinem Interesse regelmäßig prüfen, ob du besondere Leistungen in Forschung, Lehre, Weiterbildung und Nachwuchsförderung erbracht oder Funktionen in der akademischen Selbstverwaltung erfüllt oder übernommen hast.

Dieser Punkt, das Verhandeln von Leistungszusagen, ist ein Grund, warum es selbst unter Professorinnen und Professoren, wohlgemerkt in derselben Besoldungsgruppe, Gehaltsunterschiede gibt. Vielleicht erinnerst du dich an die Studie, die ich in diesem Zusammenhang im Kapitel 2 unter **Das echte Leben** zitiert habe.

Die Tenure-Track-Professur

Im Unterschied zur Juniorprofessur garantiert eine echte Tenure-Track-Stelle bei entsprechender Leistung während der Bewährungsphase (dem sogenannten Tenure Track) die unbefristete Professur.

Um diese Tenure-Track-Professuren als eigenständigen Weg neben dem als sehr langwierig und unsicher geltenden herkömmlichen Berufungsverfahren zu etablieren, haben Bund und Länder im Jahr 2016 das Tenure-Track-Programm beschlossen. Das Programm läuft bis zum 31. Dezember 2032. Ziel ist es, die Tenure-Track-Professur als international bekannten und akzeptierten Karriereweg zusätzlich zur bisherigen Professur aufzubauen. Zudem soll dem wissenschaftlichen Nachwuchs eine planbarere und transparentere Gestaltung der eigenen Laufbahn ermöglicht werden.[32]

Somit fördert das Bundesministerium für Forschung und Bildung insgesamt tausend zusätzliche Tenure-Track-Professuren und stellt dafür Mittel in Höhe von einer Milliarde Euro zur Verfügung. Die Bundesländer der geförderten Universitäten und Hochschulen stellen die Gesamtfinanzierung sicher, während sich der Bund je geförderter Professur anteilig engagiert. Pro Tenure-Track-Professur wird ein Pauschalbudget von 118.045 Euro pro Jahr zur Verfügung gestellt. Die teilnehmenden Universitäten und Hochschulen können einen 15-prozentigen Aufschlag erhalten, wenn sie eine Strategie zur Implementierung des Tenure Tracks und Personalentwicklungskonzepte vorlegen. Die Förderung der Tenure-Track-Professuren erfolgt in der Regel über sechs Jahre und kann in besonderen Fällen (Geburt oder Adoption eines Kindes, Beurlaubungen) um bis zu zwei Jahre verlängert werden. Für den Fall, dass die Wissenschaftlerinnen oder Wissenschaftler nach dieser Phase in eine Vollprofessur übernommen werden, wird die Besoldung für die ersten zwei Jahre vom Tenure-Track-Programm finanziert.

Aus dem ersten Monitoring-Bericht zu diesem Bund-Länder-Programm aus dem Jahr 2020 geht hervor, dass von den insgesamt tausend bewilligten Tenure-Track-Professuren bis zum 1. Juli 2020 713 Stellen ausgeschrieben waren. Davon waren 246 Stellen besetzt, nachdem hierauf 14.170 Bewerbungen eingegangen waren. Zum

Berichtszeitraum waren aufgrund geringer Fallzahlen noch keine Aussagen zum Übergang auf dauerhafte Professuren möglich.[33]

Informiere dich an deiner oder anderen Hochschulen zu öffentlich ausgeschriebenen Stellen. Die Professuren, die über das Tenure-Track-Programm gefördert werden, findest du auf den Seiten des Bundesministeriums für Bildung und Forschung im Netz. Um gute Chancen bei der Bewerbung um eine Juniorprofessur oder Tenure-Track-Stelle zu haben, bringst du am besten Folgendes mit:

- eine herausragende Promotion
- besondere Fähigkeiten zum wissenschaftlichen Arbeiten (nachgewiesen)
- Verzeichnis über deine Publikationen, Projekte, Wettbewerbe, Preise
- Arbeitsproben
- nachgewiesene pädagogische Eignung durch Erfahrung mit Lehraufträgen oder Professurvertretungen
- Forschungsaufenthalt im Ausland
- Tätigkeit als Postdoc
- Erfahrung in der Einwerbung von Drittmitteln

Nur ein Strohfeuer oder brennst du wirklich für dein Forschungsthema?

Ich nehme an, dass du für dein Forschungsthema brennst. Aber bitte überprüfe regelmäßig im eigenen Interesse deine Situation und frage dich, wie sehr du wirklich bereit bist, eine wissenschaftliche Karriere mit allen sich dir in den Weg stellenden Hindernissen anzustreben.

Folgende Überlegungen kannst du dazu anstellen:

- Wie sieht mein Forschungsprofil konkret aus?
- Ist es relevant und zukunftsfähig?
- Gibt es dazu aktuelle Fragestellungen oder Debatten?

- Gibt es bereits Professuren in meinem Bereich?
- Gibt es Mentorenprogramme, die mir Unterstützung bieten?
- Welche Unternehmen könnten an den Forschungsergebnissen meiner Arbeit Interesse haben?
- Lässt sich mein Forschungsergebnis in eine Geschäftsidee umsetzen?
- Kann eine wissenschaftliche Ausgründung für mich der richtige Weg sein?
- Was ist mein Plan B, sollte es mit der Professur nicht klappen?
- Verfüge ich über Kontakte und Netzwerke außerhalb der Wissenschaft?
- Welche meiner Fachkenntnisse und methodischen Kompetenzen ist für Unternehmen aus der Wirtschaft interessant?
- Habe ich bereits erfolgreich Drittmittel eingeworben?

Diese Überlegungen und die nachfolgenden Punkte können dir auch in den Gesprächen und Verhandlungen mit deinem Institut helfen und beim Aufbau einer guten Argumentation als Gedankenstütze dienen:

- Meine Forschungsarbeit ist relevant, richtungsweisend und zukunftsfähig für den Standort und die Universität (Stichwort: Image, Wissen bleibt erhalten).
- Bestehen Zielvereinbarungen mit Wissenschaftsministerien?
- Unternehmen aus der Wirtschaft können Interesse an meiner Forschung haben, dazu kann eine Ausgründung sinnvoll sein und die Reputation des Hauses fördern.
- Ich habe bislang mehr Drittmittel eingeworben, als meine Stelle an Kosten verursacht hat.
- Eine erneute Befristung wirkt sich als Hindernis auf die zeitintensive und konzentrierte Forschung aus.
- Mein wertvolles Wissen geht durch den Wechsel zu einem anderen Institut verloren.

Das gute alte Handwerk: Immer noch eine Männerdomäne oder eine Welt voller Möglichkeiten?

Technische Zeichnerin mit Mut und Haltung

Stella hatte schon früh einen großen Wunsch: Sie wollte die Welt bereisen und vor allem etwas ganz anderes machen, als es ihre Familientradition fest vorzugeben schien. Schon ihr Großvater war Augenoptiker, die Eltern führten das Geschäft weiter, und es wäre ein Leichtes für sie gewesen, einfach in die Verantwortung hineinzuwachsen, mit der Perspektive, den Laden irgendwann ganz zu übernehmen. »Ich bin von Kindesbeinen an damit aufgewachsen, ich wollte einfach was anderes machen, ich brauchte für mich ein Kontrastprogramm«, erzählte sie mir. Und so machte sie eine Ausbildung zur technischen Zeichnerin und erlebte den Wandel in diesem Beruf hautnah mit. Wurden technische Zeichnungen früher noch per Hand am Reißbrett angefertigt, so war Stella, deren ursprünglicher Ausbildungsberuf heute in die beiden neuen Berufe technischer Produktdesigner und technischer Systemplaner aufgegangen ist, viel stärker in die Produktentwicklung mit eingebunden und arbeitete ausschließlich mit komplexen Computerprogrammen. Ihr Weg führte sie in verschiedene Länder, in unterschiedliche Entwicklungsabteilungen und zu abwechslungsreichen Aufgaben. Ob Filteranlagen, Heizungstechnik, Industriemaschinen oder die Konstruktion im Bereich Interieur von Megajachten im VIP- und Eignerbereich – sie kennt jedes Detail. Sie weiß, was es heißt, an der Schnittstelle zwischen Ingenieuren und der Entwicklung kreativer Ideen die Visionen perfekt aufzubereiten und in reproduzierbare Pläne zu übersetzen, damit es in der Praxis reibungslos funktionieren kann. Verschiedene Industrieunternehmen, verschiedene Branchen, verschiedene Erfahrungen? Leider nein. Sie berichtete mir von den immer gleichen Erfahrungen: Sie war die Umsetzende, der männliche Ingenieur galt als der Denker. Ihr Mitdenken oder ihre teils berechtigten Einwände waren gar nicht erwünscht. Bis eines Tages die große Maschine mit lautem Knall und entsprechender Zerstörungskraft ihren ersten und gleichzeitig letzten Testbetrieb in der Endmontagehalle eines großen Flugzeugherstellers hatte. Der Fehler lag natürlich nicht beim Ingenieur. Der versuchte von sich abzulenken. Schnell wurde nach der technischen Zeichnerin gefragt. Doch Stella winkte ab und verwies auf das Fehlen ihrer Unterschrift unter der technischen Zeichnung und Abnahme. Im Vorfeld gab es reichlich Diskussion, verursacht durch ihr Mitdenken und Hinterfragen. Denn im Zug der Konstruktion der Fertigungsmaschine kamen ihr einige wichtige Bedenken, die sie an der technischen Funktionalität dieser Maschine zweifeln ließen. Niemand nahm sie ernst, der Ingenieur sah sich im Recht, doch sie blieb standhaft. Sie weigerte sich, für die technische Funktionalität und Richtigkeit zu garantieren, und verweigerte die Fertigstellung dieser Aufgabe unter ihrem Namen. Beim Technikcheck war sie die Einzige, die sich das Spektakel aus sicherer Entfernung ansah. Was war passiert? Als das gesamte Projektteam um die Maschine versammelt war, um sie zu testen, verabschiedete diese sich mit einem lauten Knall und brach in ihre Einzelteile auseinander. Glücklicherweise kam es zu keinem Personenschaden, der Sachschaden summierte sich schnell auf einen siebenstelligen Betrag. Als Dank für ihr Mitdenken wurde sie entlassen.

Da sich derartige Erfahrungen häuften, in denen sie nicht ernst genommen wurde, »weil sie eine Frau in dieser Männerwelt der Konstrukteure ist«, wie sie so schön sagte, fasste sie nach zwölf Jahren als technische Produktdesignerin den Entschluss, doch in den elterlichen Betrieb zu gehen. Sie absolvierte eine zweite Ausbildung zur Augenoptikerin und bereitet sich momentan auf ihre

Meisterprüfung vor. Ihre Vision ist, mit ihren Werten Qualität und Liebe zum Design sowie zur Funktionalität, mit ihrer Fachkompetenz und ihrer ausgeprägten Kommunikationsstärke eine Topadresse für ihre Klienten zu sein und gerade im Wettbewerb mit den Billiganbietern aus dem Netz dem Handwerk ihrer Zunft ein Gesicht zu geben. Dabei spielt ihr ihre internationale Erfahrung aus dem technisch-konstruktiven Bereich in die Karten.

Von Stella können wir lernen, sich nicht unterkriegen zu lassen. Wichtig ist, dass sie sich eingemischt hat. Sie hat ihre Sichtweise dargelegt und klare Grenzen gesetzt. Sie zieht ihre Konsequenzen, schlägt einen anderen Weg ein und erweitert ihren Verantwortungsbereich, indem sie als Meisterin ihres Faches künftig die Regeln in ihrem Wirkungsbereich machen wird.

Sind ihre Erfahrungen so außergewöhnlich? Noch immer herrschen im Handwerk tradierte Rollenklischees. Frauen kommen mit einem Anteil von etwa 1 bis 2 Prozent im technischen Umfeld kaum vor, sie wählen häufiger kreative Handwerksberufe, und bei Männern überwiegt der gewerblich-technische Bereich.[34] Der Blick auf die beliebtesten Ausbildungsberufe von Mann und Frau bestätigt das Klischee: Ganz oben steht bei den Frauen die Friseurin und bei den Männern der Kfz-Mechatroniker. Doch es gibt Hoffnung. Der digitale Wandel, der auch im Handwerk längst angekommen ist, schafft neue Berufsbilder und räumt ein wichtiges Argument für die typisch weiblichen und typisch männlichen Berufe beiseite: die körperliche Belastung als Grund für die Berufswahl.

Die Mär typisch weiblicher und typisch männlicher Berufsbilder

Der männliche Softwareentwickler und die weibliche Friseurin. So das gängige Klischee. Doch das war nicht immer so, es gab einen

Kultur- beziehungsweise Statuswandel in vielen Berufen. Die beiden zuvor genannten dienen uns als Beispiel.

Während das Programmieren heute als Männerdomäne gilt, war es damals, vor über 180 Jahren, eine Frau, die den Grundstein für die heutige Digitalisierung legte. Die im Jahr 1815 geborene Ada Lovelace gilt als erste Programmiererin der Welt. Sie erkannte schon damals das Potenzial von Rechenmaschinen und beschäftigte sich mit der systematischen Verarbeitung von Informationen, die Grundidee der Informatik.[35] In den Fünfziger- und Sechzigerjahren des vergangenen Jahrhunderts waren vor allem Frauen in den Programmierjobs bei IBM tätig. Grund dafür war, dass die Männer aufgrund ihrer Einberufung in den Zweiten Weltkrieg fehlten, aber auch, dass die Arbeit damals als moderne Version eines Sekretärs, als Arbeit für eine Bürokraft mit niedrigem Status, galt. Das sollte sich später ändern, als die Softwareentwicklung in ein wissenschaftliches Fach transferiert wurde und dieses durch die Einführung von Eignungstests mit den Schwerpunkten Schach und Mathematik einen Kulturwandel hin zu einem maskulinen Fach erlebte, wie der amerikanische Historiker Nathan Ensmenger es beschreibt.[36]

Die Feminisierung des Friseurhandwerks begann nach dem Ersten Weltkrieg, als zunehmend Frauen die Dienstleistungen der Friseure aufsuchten. Bis dahin gab es nur Herrenfriseure. Sie entwickelten sich aus dem älteren Beruf des Barbiers, der sich noch bis Mitte des 19. Jahrhunderts zusammen mit den Badern in den Badehäusern nicht nur um das Haupthaar, sondern um die Körperpflege, Aderlässe, Klistiere und sogar Zahnextraktionen kümmerte. In der ersten Hälfte des 20. Jahrhunderts hatte der Herrenfriseur seine Blütezeit und verschwand dann zunehmend von der Bildfläche, um Platz für den heutigen gemischten Salon, der zum Standard geworden ist, zu machen. Die Frauen prägen seither das Berufsbild, doch denke ich an bekannte Unternehmer in dieser Branche, fallen mir bis auf wenige Ausnahmen nur Männer ein. Deren Quote unter den Auszubildenden im Friseurhandwerk ist in den letzten Jahren übrigens auf 25 Prozent gestiegen.[37]

Wenn du mich fragst, gehört die Aufteilung in Männer- und Frauenberufe, egal ob im Handwerk oder im akademischen Bereich, abgeschafft. Denn sie muss als Argument herhalten, um die schlechtere Bezahlung von Frauen zu erklären. Dazu möchte ich noch einmal an die Studie zu den Professorengehältern zu Beginn dieses Buches erinnern und eine weitere aus der IT-Branche zitieren, für die 143.975 Datensätze ausgewertet wurden. Die Analyse von GEHALT.de und der comdirect-Initiative finanz-heldinnen aus dem Frühjahr 2021 weist unter IT-Fachkräften eine Entgeltlücke von 6,2 Prozent zwischen Mann und Frau auf.[38] Mein Fazit: Wenn es nicht an der Qualifikation liegt, dann liegt es an etwas anderem. Und das hast du selbst in der Hand, denn du entscheidest, ob du dein Gehalt nachverhandelst, ob du Chancen ergreifst und ob du dich veränderst.

Gleiches gilt für deinen Weg im Handwerk. Zurzeit nimmt die Zahl der Quereinsteigerinnen im Handwerk zu. Und Hand aufs Herz, auch wenn die Lehrjahre finanziell kein Zuckerschlecken sind, wo gibt es schon die Perspektive, bereits in jungen Jahren seine eigene Chefin zu werden, einen eigenen Betrieb aufzubauen, etwas Neues, etwas Wertiges zu schaffen? Die hohe Zufriedenheit und die Leidenschaft für ihren Beruf eint die Teilnehmerinnen der Studie *Handwerksstolz* der Georg-August-Universität Göttingen, die knapp zweitausend Handwerkerinnen und Handwerker befragte.[39]

💡 Inspiration für dich:
- Folge deinen Interessen, Talenten und Fähigkeiten.
- Wirf alte und neue Klischees über Bord.

- Informiere dich bei regionalen, bundesweiten Programmen und Verbänden, zum Beispiel dem Bundesverband UnternehmerFrauen im Handwerk, den Initiativen »Klischeefrei« und »Komm, mach MINT«.
- Sei oder werde Vorbild für andere Frauen.

Der Jobwechsel: Gewohntes zurücklassen, Neues wagen, mehr verdienen!

»Ich möchte mich für deine Unterstützung bedanken. Ich habe einen wünschenswerten Vertrag bekommen, kann rückblickend sagen, dass es die richtige Entscheidung war, und ich bin sehr froh, dass ich es trotz aller Zweifel und Schuldgefühle geschafft habe.«

Tabea W., 32, Onlineredakteurin

Die beste Chance auf eine Gehaltserhöhung sei der Jobwechsel, lesen oder hören wir oft. Tatsächlich kannst du die Bewerbung um eine andere Stelle dazu nutzen, mit einer höheren Gehaltsvorstellung ins Rennen zu gehen. Beide Seiten kennen sich noch nicht und als Bewerberin kannst du dich von deiner besten Seite zeigen. Du bringst mehr Berufserfahrung mit und wenn du deine Hausaufgaben (Recherche zum eigenen Marktwert, zu Gehältern, zum potenziellen Arbeitgeber, klare Zielsetzung) gemacht hast, kannst du deine Qualifikation geschickt ausspielen und mehr Gehalt verlangen.

Eine besonders gute Ausgangslage ist das Bewerben aus einem bestehenden Arbeitsverhältnis heraus. Es verleiht dir die Sicherheit, nichts zu verlieren, falls die Bewerbung nicht zum gewünschten Erfolg führen sollte. Diese Souveränität, nichts zu verlieren zu haben, strahlst du aus, und das wird im Gespräch meist auch wahrgenommen.

> »Ich habe mich um eine Stelle beworben, die mich nicht interessierte. Da ich mir nicht vorstellen konnte, dort zu arbeiten, ging ich mit einer richtigen Scheißegal-Haltung ins Gespräch, aber die wollten mich tatsächlich einstellen! Sie boten mir sogar mehr Geld an, als ich erwartet hatte. Zeitgleich hatte ich mehrere Bewerbungen laufen und bekam eine Zusage von dem Arbeitgeber, zu dem ich auch wollte.«
>
> Sandra K., 43, Journalistin

Personalvermittler oder Headhunter verdienen an der Vermittlung von (klugen) Köpfen, die ihren Wert haben. Übrigens werden Männer eher nach künftigem Potenzial und Frauen stärker nach bereits erfolgter Leistung bewertet und rekrutiert.

 Tipp: Mache dir genau das zunutze und entwickele eine konkrete Zielsetzung, besser sogar eine eigene Vision für dich und dein zukünftiges Wirkungsfeld, die du vertrittst und entsprechend verkaufst. Dazu können dir folgende Überlegungen helfen:
- Wie gehe ich Herausforderungen an?
- Welche größten Erkenntnisse nehme ich aus gescheiterten Projekten mit (Stichwort: Fehlerkultur)?
- Welche Probleme werde ich mit meiner Expertise (für das Unternehmen) lösen?
- Über welche wichtigen Kontakte und Netzwerke verfüge ich, die in der neuen Position beziehungsweise für die Abteilung oder das Unternehmen hilfreich sein können?

- Wie sehe ich die Entwicklung meiner Branche in den nächsten Jahren?
- Was ist mein Beitrag dazu?
- Was ist meine Vision von dem Zielunternehmen in drei bis fünf Jahren?
- Und in welcher Rolle sehe ich mich in diesem Zusammenhang?

Beim Gehalt zu tief gestapelt

Eine besonders schwierige Herausforderung ist die Gehaltsnach-verhandlung bei einem vorliegenden Arbeitsvertrag, ich nenne sie die »Königsklasse in der Gehaltsverhandlung«. Im Vorfeld hat bereits eine Einigung auf eine Gehaltsgröße stattgefunden. Nun liegt der Arbeitsvertragsentwurf vor und wenn ich diesen Job unbedingt will, bleibt mir nicht mehr viel übrig, als diesen Vertragsentwurf mit allen seinen Eckpunkten anzunehmen, oder etwa nicht?

Genau so war es bei Claudia, die auf mich sehr ehrgeizig und zielstrebig wirkte. Der Bewerbungsprozess war lang und hart, es gab mehrere Gespräche. Neben den aussagekräftigen Bewerbungsunterlagen wurden Arbeitsproben verlangt, und die Qualifikation und die bisherige Erfahrung Claudias wurden auf Herz und Nieren geprüft. Im letzten Gespräch wurde das Spiel »Mal sehen, was sie sich selbst zutraut« gespielt, denn es hieß, dies seien keine abschließenden Gehaltsverhandlungen, sie könne ihre Vorstellung nennen. Claudia nannte einen Bereich, etwa 75.000 bis 85.000 Euro. Es ging um eine Referentenstelle in der Vorstandsetage eines Konzerns. Die Untergrenze von 75.000 Euro war Claudias Minimalgehaltswunsch. Dieser wurde ihr dann im Arbeitsvertrag serviert. Enttäuscht und verärgert über sich selbst kam sie kurzfristig und in buchstäblich letzter Minute auf mich zu und fragte um Rat, wie sie ihr Gehalt noch einmal nachverhandeln könne, ohne ihre Glaubwürdigkeit zu verlieren.

Eine Position wird in Unternehmen dieser Größenordnung mit einem sechsstelligen Gehalt dotiert. Das bestätigte auch ihre Recherche, und aus Gesprächen mit Personen aus ihrem Netzwerk und mit ihrem Vorgänger im Unternehmen konnte sie für sich den Rückschluss ziehen, dass sie sich deutlich unter Wert verkauft hatte. Sie hatte sich nicht mit der gesamten Breite des Gehaltsbandes auseinandergesetzt und im Gespräch folglich die Untergrenze angesetzt. »Hätte ich einfach mal 120.000 Euro gesagt!«, so der Vorwurf an sich selbst.

Der Arbeitsbeginn rückte näher! Jetzt ging es darum, eine Strategie zu entwickeln, mit der die Situation gerettet werden konnte, ohne Claudia in den Schatten ihres aus ihrer Sicht miserabel ausgehandelten Wertes zu stellen oder als Bittstellerin dastehen zu lassen. Ziel war, sie als geschickte Verhandlungspartnerin auf Augenhöhe zu positionieren.

Wenn es in solchen Situationen eine Chance für die erfolgreiche Nachverhandlung gibt, dann muss nachvollziehbar und sauber argumentiert werden. Dazu stellten wir die Argumentation auf das zu erwartende Aufgabenpensum ab. Dieses war offensichtlich in den Bewerbungsgesprächen nicht deutlich genug kommuniziert worden. Der Umfang der Aufgaben und das persönliche sowie zeitliche Engagement, das vonnöten war, um dieser Stelle gerecht werden zu können, wurde erst nach einem weiteren Gespräch im Haus deutlich.

Und so arbeiteten wir aus, was Claudia für diese Stelle qualifizierte und warum sie sich dieser Herausforderung gewachsen sah. Sie vereinbarte ein Gespräch mit der Personalabteilung mit dem Wunsch, Vertragsdetails zu besprechen. Sie konnte nachvollziehbar erklären, dass ihre zunächst genannte Gehaltsvorstellung unter anderen Vorzeichen erfolgte und sie inzwischen genauere Kenntnis vom Aufgabenumfang und von der fachlichen Tiefe erlangt hatte. Untermauert mit ihren Werten Fleiß, Disziplin und klarer Fokussierung auf Zielerreichung konnte sie vermitteln,

> dass sie die Richtige für diese Stelle war. Sie führte ihre Argumentation sachlich und konzentriert, und ihre Körpersprache ließ keine Zweifel an ihren Aussagen aufkommen, wie sie mir berichtete. Der finale Arbeitsvertrag wies ein sechsstelliges Gehalt auf.

Das Nachverhandeln eines Gehaltsvorschlags kann sich lohnen. Diese Chance solltest du dir nicht aus Vorsicht oder Angst, unangenehm aufzufallen oder schlecht vorbereitet zu wirken, entgehen lassen. Wenn sich der Umfang der zu übernehmenden Aufgaben als deutlich größer als im Bewerbungsgespräch kommuniziert erweist, solltest du das ansprechen. Wichtig ist, dass es um die Aufgabenbeschreibung und den zu erwartenden Umfang geht und nicht darum, dass du einfach zu niedrig »gepokert« hast.

Wurde im Einstellungsgespräch die Gehaltsgröße noch nicht besprochen oder final verhandelt und weicht die Angabe im Arbeitsvertrag wesentlich von deiner Gehaltsvorstellung ab, solltest du einen Termin zwecks Klärung der vertraglichen Details vereinbaren und das Gehalt nachverhandeln. Je nach Situation kannst du anbringen, dass dir a) andere Angebote in Höhe deines Wunschgehalts vorliegen, du aber aufgrund der spannenden Aufgaben und deiner Eignung und Erfahrung in diesem Bereich gerade bei diesem Arbeitgeber einsteigen möchtest und daran interessiert bist, eine gute Lösung zu finden, oder b), dass du aufgrund deiner bisherigen Erfahrung und Qualifikation ein Angebot in Höhe deines Maximalziels erwartet hättest. Somit signalisierst du Interesse an der Aufgabe und dem Arbeitgeber und zeigst, dass du eine ernst zu nehmende Gesprächspartnerin bist.

Bei Frage nach deiner Gehaltsvorstellung solltest du keinen Bereich (von x bis y), sondern eine konkrete Zahl angeben. Nenne hier nicht deine »unterste Schmerzgrenze«, dein Minimalziel, sondern gehe aufs Ganze und gib dein Maximalziel an. Darauf gehe ich in Kapitel 13 unter **Beim Verhandeln auf doppeltem Fundament aufbauen** genauer ein.

Lücke im Lebenslauf oder Zickzackwerdegang? Die Frage ist, was du draus machst!

Um es gleich vorwegzunehmen: Ein ungerader Lebenslauf ist noch lange kein Grund, sich bei Bewerbungen von vornherein auf der Verliererseite zu wähnen. Die Zeiten jahrzehntelang linear verlaufender Erwerbsbiografien, am besten noch in ein und demselben Haus, immer schön Sprosse für Sprosse die Karriereleiter hoch, gehören weitestgehend der Vergangenheit an. Im Schnitt wechseln Arbeitnehmerinnen heute alle vier Jahre den Arbeitgeber. Je nach Branche und Beruf kann es sogar karrierefördernd sein, den Arbeitsplatz von Zeit zu Zeit zu wechseln. Zudem erkennen auch manche Arbeitgeber das Potenzial, das Quereinsteigerinnen mitbringen. Im Bereich der Lehrberufe werden sogar verstärkt Quer- oder Seiteneinsteigerinnen eingestellt, um den Bedarf an Lehrkräften zu decken.

Häufig erreicht mich die Frage, wie mit einem Lebenslauf umzugehen sei, der nicht linear verläuft oder eine Lücke aufweist. Dahinter steckt die Befürchtung, als Bewerberin nicht perfekt genug zu wirken und im Bewerbungsprozess sofort aussortiert zu werden. Meine Gegenfrage folgt prompt: »Was ist ein perfekter Lebenslauf?«

Kommt es nicht vielmehr darauf an, was die Bewerbungsunterlagen aussagen? Erzählen sie der Personalabteilung eines Zielunternehmens, dass es sich um eine Person handelt, die sprunghaft von einer Station zur nächsten zieht, die es nicht lange an einem Ort aushält und die geradezu getrieben wirkt? Lassen die Unterlagen die Interpretation zu, dass man an der Loyalität, Teamfähigkeit und

Ausdauer der Person zweifelt? Sagen sie aus, dass jemand seine Kompetenz maßlos überschätzt, die übertragenen Aufgaben nicht erfüllt oder eine schwierige Persönlichkeitsstruktur mitbringt?

Um eine negative Auslegung deiner Bewerbung zu vermeiden, hilft es dir, deine Unterlagen so aufzubereiten, dass ein roter Faden erkennbar wird, der sich durch deinen Lebenslauf zieht. Dazu sollte das Verbindende der einzelnen Stationen sichtbar werden. Das können bestimmte Herausforderungen und Aufgaben sein, an denen du gewachsen bist und aus denen du Erkenntnisse für dich mitnimmst. Etwas, das deine Kompetenz auf bestimmten Gebieten unterstreicht, deine Werte bestätigt und dich als Persönlichkeit geformt und geprägt hat.

Um meine Haltung dazu sprechen zu lassen: Es gibt keine krummen, ungeraden oder nicht linearen Lebensläufe. Was soll das sein? Welches Leben verläuft denn linear? Haben wir nicht alle irgendwo Brüche, Wendungen und Abzweigungen in unserer Erwerbsbiografie, die uns Lernaufgaben, Herausforderungen und Erkenntnisse beschert haben und damit zu dem Menschen gemacht haben, der wir heute sind?

Die nachfolgenden Überlegungen können dich dabei unterstützen, ein ganz neues Selbstverständnis für deinen individuellen Lebenslauf zu gewinnen und demzufolge im Bewerbungs- und Verhandlungsprozess souveräner auftreten zu können:

- Was eint die verschiedenen Stationen in meinem Lebenslauf?
- Welche Herausforderungen galt es zu meistern?
- Welche neuen Fertigkeiten, Erkenntnisse, Erfahrungen habe ich jeweils dazugewonnen?
- Was sind meine Treiber?
- Wenn ich eine Lücke im Lebenslauf habe, was genau führte dazu?
- Was habe ich während dieser Zeit gemacht?

- Was habe ich währenddessen erfahren, was gelernt und was nehme ich daraus für mich mit?
- Was genau führte jeweils zur Beendigung der verschiedenen Arbeitsverhältnisse?
- Wie wichtig ist mir Flexibilität bei der Gestaltung meines Arbeitsalltags?
- Benötige ich einen größeren Gestaltungsspielraum im Job?
- Suche ich eher die Abwechslung oder brauche ich Routine im Job?
- Sehe ich mich als visionäre Gestalterin oder eher als sicherheitsorientierte Bewahrerin?
- Habe ich Angst davor, nicht schnell genug eine neue Arbeitsstelle zu finden?
- Macht mir die Lücke im Lebenslauf Angst?
- Wie sehe ich meinen Bewerbungsprozess? Als Entdeckungsreise zu neuen Möglichkeiten auf dem Arbeitsmarkt?
- Verbinde ich mit einer Bewerbung eine harte Anstrengung?
- Sehe ich meine Bewerbung als Chance für meine Weiterentwicklung und für Neues?

Mit einigen Handgriffen kannst du deinen Lebenslauf optimieren, wobei hier ganz klar gilt: Ehrlichkeit und Klarheit sprechen für dich, Verschweigen oder Hinzudichten werden dir zum Verhängnis werden. Wenn dein aufmerksamer Gesprächspartner im Vorstellungsgespräch genauer nachhakt, solltest du plausible Erklärungen liefern können. Sobald du dich in Widersprüche verstrickst und deine Gestik und Körperhaltung eine andere Sprache sprechen, nämlich nicht kongruent sind zu dem, was du expressis verbis verlauten lässt, wirst du wenig Chancen auf Erfolg haben. Selbst für den Fall, dass dir eine Einstellung trotz oder eher aufgrund von falschen Angaben gelingt, kann dir arbeitsrechtlich eine fristlose Kündigung drohen, wenn Täuschungen vorgelegen haben.

Mache deutlich, wofür du stehst, und schiebe die Befürchtung beiseite, möglicherweise zu viel über dich preiszugeben. Warum sollte dein künftiger Arbeitgeber nicht wissen, was dir wichtig ist und worauf man sich mit dir als Arbeitnehmerin einlässt? Und zum Schluss: Deine Mosaikkarriere, dein Zickzacklebenslauf oder die Lücke im Lebenslauf sind, wenn du diese gut begründen kannst und selbstbewusst dazu stehst, gar kein Grund, bei der Gehaltsverhandlung klein beizugeben, im Gegenteil.

Herausforderungen im Lebenslauf	
Zu viele kurze Stationen	Wenn du zu viele Stationen mit einer Verweildauer von wenigen Monaten bis unter einem Jahr hast, fasse diese zu einem größeren Zeitraum zusammen und führe die konkreten Tätigkeiten daraus auf.
Lücke im Lebenslauf	Begründe kurz, was zur Lücke im Lebenslauf geführt hat, womit du dich beschäftigt hast und welche Erkenntnisse du für deinen weiteren Weg daraus für dich mitnimmst.
Individuell statt Standard	Es sollte sich von selbst verstehen, dass du deine Bewerbung passgenau auf das jeweilige Zielunternehmen hin anfertigst. Gute Personalverantwortliche erkennen sofort, wenn deine Bewerbung vom Fließband gelaufen ist.

Lücke im Lebenslauf? Na klar, dazu stehe ich!

Als Fabio mich kontaktierte, hatte er gerade wieder eine Absage erhalten und bat um Rat, wie er mit seiner Unsicherheit in seinen Bewerbungsgesprächen umgehen könne. Auf meine Nachfrage, was ihn aus seiner Sicht unsicher werden lasse, antwortete er, dass er den Eindruck habe, immer wieder auf seine Lücke im Lebenslauf reduziert zu werden. Mittlerweile war diese Zeit für ihn gedanklich zu einem Koloss angewachsen, er fühlte sich unwohl damit, und genau das strahlte er in seinen Gesprächen aus.

Fabio hatte einen technischen Hintergrund und ein paar Jahre Berufserfahrung hinter sich, als er beschloss, neue Wege zu gehen. Er schrieb sich an der Uni für ein ingenieurwissenschaftliches Studium ein und wechselte nach zwei Semestern den Fachbereich, um dann nach weiteren drei Semestern das Studium abzubrechen. Er hatte also fünf Semester studiert, keinen Abschluss in der Tasche und somit, streng genommen, eine Lücke von 2,5 Jahren im Lebenslauf.

Nun bewarb er sich wieder auf Stellen in dem Bereich, in dem er vor seinem Studium gearbeitet hatte. Eigentlich wollte er von dort weg. Das wirkte für ihn wie ein Rückschritt, und er fühlte sich wie ein Versager, wie er mir in unserem Gespräch offenbarte.

Zum einen wollte Fabio seine Unsicherheit loswerden und zum anderen suchte er nach Ansätzen, wie er mit dieser Lücke umgehen sollte. Im Coaching entwickelte er nach und nach ein neues Verständnis für diese Zeit, die er sich genommen hatte. Er wurde sich über seine Bedürfnisse, die er an eine Arbeitsumgebung stellte, bewusst, machte sich seine Fähigkeiten klar und fand wieder Zugang zu seinen →*Ressourcen*. Denn diese schienen hinter dem dunklen Koloss in seiner Gedankenwelt gänzlich verschwunden. Schließlich konnte er den Koloss in seinem Kopf nach und nach zu einem wertvollen Schatz umwandeln, der ihm viele neue Erkenntnisse lieferte. Er begriff diese Zeit als Chance für sich, etwas Neues ausprobiert zu haben. Er wusste jetzt, was seine Stärken waren und wo seine Grenzen lagen. Fortan betrachtete er diese Zeit nicht länger als Makel, sondern als ein wertvolles Lerngeschenk.

Mit diesem neuen Selbstverständnis ging er in das nächste Bewerbungsgespräch. Er konnte vermitteln, wie für ihn eine erfolgreiche Zusammenarbeit konkret aussieht, was sein Beitrag dazu ist und wo seine Grenzen liegen. Die Jobzusage folgte wenig später.

Der Wiedereinstieg nach der Kindererziehungszeit: Flexibel und belastbar – ein perfekter Krisenmanager!

»Sie haben zwei Kinder und wollen dann auch noch bei uns arbeiten?« Nein, es war nicht 1973, sondern im Frühjahr 2021, als Sina diese Frage im Bewerbungsgespräch gestellt wurde.

Oft erlebe ich junge Mütter, die ihre Mutterschaft als ein großes, schweres Hindernis begreifen und mit ebenjener Haltung ihre künftigen Karriereschritte sabotieren. Ich brauche keiner Mutter zu sagen, was sie Großartiges leistet, indem sie die Verantwortung für einen jungen Menschen auf seinen ersten, wichtigen Wegen übernimmt – mit allen Konsequenzen.

Eine bekannte Werbekampagne sprach zu Recht von »der Managerin eines kleinen Familienunternehmens«. Und, Hand aufs Herz, genauso ist es in den meisten Fällen. Als Mutter hast du den Überblick über sämtliche Termine und Aufgaben der Familie, du koordinierst, planst und strukturierst den Wochen- und Tagesablauf der ganzen Familie und hast auch noch den Überblick über wichtige oder dringend benötigte Anschaffungen. Und wenn etwas dazwischenkommt, bist du es, die alle Pläne über den Haufen wirft und in Windeseile eine Lösung für zunächst ausweglos erscheinende Ausnahmesituationen parat hat.

Mal unter uns: Warum gehst du die Planung deiner weiteren beruflichen Laufbahn nicht mit der gleichen Konsequenz an? Plane rechtzeitig und kommuniziere klar, wann du nach der Elternzeit wieder in deinen Beruf zurückkehren möchtest. Besprich dazu mit deinem Arbeitgeber, wie ein mögliches Wiedereinstiegsszenario aussehen kann. Vereinbare gegebenenfalls, wie du auch während deiner Elternzeit mit wichtigen Informationen über aktuelle Entwicklungen in deinem Arbeitsumfeld versorgt werden kannst, um auf dem Laufenden zu bleiben. Signalisiere deinem Gesprächspartner, dass du »nicht aus der Welt« bist und dass du auch weiterhin deine berufliche Laufbahn im Auge hast und dich gern weiterentwickeln möchtest. Lasse dich nicht in die Schublade »Die ist jetzt Mutter und das war es dann« stecken. Ja, es klingt hart, doch in manchen Köpfen ist noch nicht angekommen, dass Frauen auch als Mutter eine einsatzbereite und vollwertige Arbeitskraft darstellen. Wie du mit fragwürdigen Vorurteilen oder »unerlaubten Fragen« im Bewerbungs- oder Verhandlungsprozess intelligent umgehst, erfährst du in Kapitel 12 unter **Heikle Punkte bei der Bewerbung** und in Kapitel 14 unter **Manipulation durchschauen und geschickt nutzen.**

Zweifache Mutter? Jetzt erst recht!

Florentine ist zweifache Mutter. Und sie ist ehrgeizig. Was mir besonders imponiert, ist, dass sie top organisiert, fokussiert und zielorientiert ist. Sie hat ihre Prioritäten, strukturiert ihren Arbeitsalltag und setzt klare Grenzen. Sie hat bei ihrem Arbeitgeber, einem mittelständischen Unternehmen, direkt nach ihrem Studium angefangen und sich dort kontinuierlich weiterentwickelt. Als ich sie kennenlernte, war sie für eine Abteilung mit zwanzig Mitarbeitern zuständig und mit ihrem zweiten Kind schwanger. Sie verfügte über ein gutes Netzwerk aus familiären, freundschaftlichen und geschäftlichen Verbindungen, das sie hegte und pflegte wie einen Bonsai. Die Eltern aus dem Netzwerk unterstützten sich gegenseitig und da in ihrer Nähe sowohl eine gute

Freundin als auch ein Großelternpaar ihres Kindes wohnte, konnte sie schon früh aus ihrer Elternzeit wieder in ihren Job zurückkehren. Zudem hatten Freunde eine Fahrgemeinschaft für die Kita- und Schulkinder organisiert, sodass gemäß rollierendem Fahrplan jeder mal dran war und dafür Freiräume in den übrigen Zeiten hatte.

Als er von ihrer zweiten Schwangerschaft erfuhr, war ihr Vorgesetzter überrascht, denn er hatte für sie die Übernahme weiterer Aufgaben mit mehr Budgetverantwortung vorgesehen, und wirkte zunächst überfordert mit dieser Nachricht. Vielleicht hatte er so schnell keinen Ersatz für sie parat oder die Befürchtung, sie würde »ganz zu Hause« bleiben.

Im Gespräch mit mir deutete sie an, dass sie sich Freiräume für laufende Fortbildungen nehmen wolle, dass sie über ihr bestehendes Netzwerk auf dem Laufenden gehalten würde und dass sie plane, ein- bis zweimal monatlich in ihrer Abteilung vorbeizuschauen und Kontakt zu halten. Ihr Ziel war es, nach einem Jahr Elternzeit wieder am Start zu sein, jedoch nicht im derzeitigen Job, sondern in die vorgesehene verantwortungsvollere und noch besser bezahlte Position hineinzuwachsen. Jetzt galt es, ihrem Vorgesetzten den Zahn zu ziehen, dass sie künftig weniger einsatzbereit oder leistungsfähig sei, und ihn von ihrem Plan zu überzeugen.

Nachdem wir eine plausible Strategie für sie entwickelt hatten, ging sie offensiv in ihr zweites Gespräch mit ihrem Vorgesetzten. Sie machte deutlich, dass sie das Selbstvertrauen besaß, diesen Weg zu gehen, und schlug vor, eine Übergangsregelung über einen festgelegten Zeitraum zu vereinbaren, wenn sie nach der Elternzeit wiederkäme. Dazu erwähnte sie, regelmäßig Kontakt zur Firma halten, sich in das neue Aufgabengebiet einarbeiten und nötige Kenntnisse über Onlineweiterbildungen erarbeiten zu wollen. Sie ging mit einer offenen Haltung in das Gespräch. Sie betonte ihre Zielstrebigkeit und dass sie sich die neue Aufgabe zutraue. Sie sprach ihre private Infrastruktur, die ihr ein Engagement in der neuen Aufgabe ermöglichte, und ihre Entwicklung im Haus an. Dazu erbat sie konstruktive Kritik seitens ihres Vorgesetzten, indem sie gleichzeitig betonte, wie sehr sie seine Arbeit, Verantwortung und Rückmeldung zu schätzen wisse. Ausgehend von ihrem Selbstvertrauen erfragte sie sein Vertrauen in ihre Person und ihre Fähigkeiten. Ergebnis: Sie vereinbarten eine für beide Seiten faire Übergangszeit mit Mentoring, Unterstützung bei den Fortbildungen und der Versorgung mit wichtigen Informationen während ihrer Elternzeit.

Innerhalb kurzer Zeit hat sie in die neue Position hineingefunden. Sie ist erfüllt und zufrieden, genauso wie ihre Familie, die sich als Team begreift.

Aus dieser Geschichte lassen sich folgende Erkenntnisse und Handlungsmöglichkeiten ziehen:

- Baue dir früh private und berufliche Netzwerke (innerhalb und außerhalb deines Unternehmens, reine Frauen- und gemischte Netzwerke, Elternnetzwerke) auf.
- Sei offen für Unterstützung und fordere sie ein.
- Besprich mit dem Vater des Kindes beziehungsweise deinem Lebenspartner eine faire Aufteilung der Eltern- und Hausarbeit.
- Kann ein Au-pair zeitweilig unterstützen?
- »Verstecke« dich nicht hinter deiner Mutterschaft, sondern gehe offensiv damit um.
- Werde dir der Rollen, die du erfüllst, bewusst: Krisenmanagerin, Organisationstalent, Übernahme von Verantwortung, »Familienmanagerin« und so weiter.

- Leite daraus wertvolle Eigenschaften im Bereich der personalen und sozialen Kompetenzen ab, die in deinem Arbeitsumfeld wichtig sind und gebraucht werden, zum Beispiel:
  - Durchsetzungsvermögen
  - Konfliktfähigkeit
  - Frusttoleranz
  - Verantwortungsbewusstsein
  - strukturiertes Arbeiten, Arbeitsorganisation
  - Kommunikationsstärke
- Sprich mit deinem Arbeitgeber noch vor Eintritt der Elternzeit über die Zeit danach und entwickele mit ihm ein für beide Seiten tragbares und gangbares Weiterentwicklungsszenario.
- Nutze die Elternzeit auch für deine Weiterentwicklung (etwa über flexible und bequeme Onlinekurse).
- Bleibe über die wichtigsten Themen und Entwicklungen in deiner Branche informiert.
- Sprich die Übernahme der Kinderbetreuungskosten durch deinen Arbeitgeber an, falls in deinem Bundesland keine Beitragsfreiheit gilt (siehe Kapitel 5 unter **Die Kinderbetreuung als Bonbon in der Verhandlungssituation**).

Stolperstein Vereinbarkeit von Familie und Beruf – die Lösung liegt in der Kooperation!

»Ich habe früh erkannt, dass man es nie allein nach ganz oben schafft. Wenn ich jungen Karrierefrauen einen Rat geben würde, dann diesen: Stellen Sie eine Putzfrau ein!«

Prof. Dr. Christiane Nüsslein-Volhard

Sie erhielt 1995 als erste deutsche Frau den Nobelpreis für Medizin. Mit ihrer CNV Stiftung unterstützt sie begabte junge Wissenschaftlerinnen mit Kindern, um ihnen die für eine wissenschaftliche Karriere erforderliche Freiheit und Mobilität zu verschaffen (cnv-stiftung.de).

Mittlerweile wird der Wunsch nach Vereinbarkeit von Familie und Beruf zunehmend lauter artikuliert und hat den Weg auf zahlreiche Agenden in Politik und Wirtschaft gefunden. Manche Arbeitgeber haben erkannt, dass sie mit flexiblen Arbeitszeitmodellen, der Führung von Arbeitszeitkonten und der Ermöglichung von Homeoffice ihre Attraktivität auf dem Arbeitsmarkt erhöhen können. Auch Krisen wie die Coronapandemie führen zum Umdenken.

Bis jedoch ausreichend unterstützende Betreuungsinfrastrukturen geschaffen worden sind und haushaltsnahe und familienunterstützende Dienstleitungen so gefördert werden, dass sie aus der Schattenwirtschaft heraustreten und eine gute Eintrittsperspektive in den offiziellen Arbeitsmarkt ermöglichen, wird es wahrscheinlich noch Jahre dauern. Von der Abschaffung oder Reformierung des Ehegattensplittings einmal ganz abgesehen. Derzeit ist die »Einverdiener-Ehe« mit einem Hauptverdiener steuerlich besonders attraktiv und der Anreiz für den Zweitverdiener (oft die Mutter), oberhalb der Geringfügigkeitsgrenze (»450-Euro-Job«) zu arbeiten, ist durch die hohe steuerliche Belastung kaum gegeben. Zudem bleiben eher die Frauen über Jahre in Teilzeitstellen beschäftigt, ohne sich weiterzuentwickeln.

Trotz oder gerade wegen dieser Stolpersteine möchte ich dich, wenn du Mutter bist oder dies in naher Zukunft planst, ermutigen, die Entscheidung, wie du deinen weiteren beruflichen

Weg gestalten möchtest, gut zu überlegen und mit dem Vater des Kindes abzustimmen. Denn es geht um dich und um deine Unabhängigkeit. Zudem können sich gesellschaftliche Strukturen nur ändern, wenn von mehreren Seiten dazu neu gedacht und gehandelt wird.

Es soll Unternehmen geben, in denen nicht die Nase gerümpft wird, wenn Väter in Elternzeit, und hiermit ist nicht die »Kurz-Elternzeit von vier Wochen« gemeint, gehen. Es dauert sicher noch eine ganze Weile, bis in unserer Gesellschaft selbstverständlicher mit diesem Thema umgegangen wird. Doch je mehr dies gelebte Wirklichkeit wird und es »normal« wird, dass auch Väter von dem Recht auf Elternzeit Gebrauch machen und dies offensiv bei ihrem Arbeitgeber einfordern, desto schneller wird die Arbeitgeberseite hierfür offener werden müssen, ohne dass diese Zeiten als »Karrierekiller« gebrandmarkt werden.

Beim DAX-Unternehmen SAP werden seit 2018 Führungsrollen als »Co-Leadership-Positionen« ausgeschrieben, auf die sich zwei Mitarbeitende bewerben können.[40] Auch beim Familienunternehmen Robert Bosch GmbH ist die Führungs- und Arbeitskultur im Umbruch, mit dem Ziel, ein selbstbestimmtes Arbeiten zu ermöglichen.[41] Daneben wären noch die Konzerne Daimler (DAX), Beiersdorf (DAX) und Deutsche Bahn zu nennen, die unter ihren Beschäftigten auch in Führungspositionen schon erfolgreich →*Tandems* realisiert haben. Arbeitsteilungs- oder auch →*Tandem-modelle* gibt es inzwischen viele. Du findest dafür auch folgende Bezeichnungen:

- »Jobsplitting« (Aufteilung der Arbeitszeit)
- »Jobpairing« (Aufteilung spezieller Verantwortlichkeiten)
- »Top Sharing«, »Co-Sharing« oder »Shared Leadership« im Bereich der partnerschaftlichen Führungsposition beziehungsweise der anspruchsvollen Expertenposition

Somit kannst du auch in Teilzeit eine Führungsposition übernehmen, wenn es dein Zeitkontingent aufgrund deiner familiären Situation nicht anders zulässt. Vielleicht verfolgst du auch andere Ziele, wie ein stärkeres Engagement im Ehrenamt, im Sportverein, hast Pflegeverantwortung oder möchtest dich anderweitig verwirklichen, indem du dir ein nebenberufliches Standbein aufbaust. Somit sehe ich die →*Tandemlösung* nicht als verschrienes »Mutti-Modell«, sondern als flexibles Instrument, um den unterschiedlichen Ansprüchen und Interessen der Beschäftigten im Unternehmen besser gerecht werden zu können und eine moderne Unternehmenskultur zu etablieren, die den Anforderungen unserer →*VUCA*-Welt gerecht wird.

Beim Aufteilen der Arbeitszeit ist vom 50:50-Modell bis hin zu einer individuell vereinbarten Aufteilung zwischen zwei Mitarbeitern theoretisch einiges denkbar, doch die Frage ist vielmehr, wie die Umsetzung in der Praxis aussieht. Denn laut einer vom Bundesfamilienministerium beauftragten Studie von der Gesellschaft für Konsumforschung (GfK) in Zusammenarbeit mit Roland Berger bietet nur ein Drittel der deutschen Unternehmen mit mehr als 15 Angestellten ein solches Modell an.[42] Aus diesem Grund sei hier an Kapitel 6 **Der aktuelle oder der künftige Arbeitgeber: Passen wir zusammen?** erinnert.

Sieh dich und deine Familie als Team und geht diese wichtigen Fragestellungen und Überlegungen gemeinsam an. Getreu dem afrikanischen Sprichwort »Es braucht ein ganzes Dorf, um ein Kind großzuziehen« ist es keine Schande, Aufgaben abzugeben. Erlaube dir, Grenzen zu setzen und zu delegieren. Vereinbarkeit geht beide Eltern etwas an. Viele junge Mütter setzen sich heute selbst unter gewaltigen Druck, alles richtig und perfekt machen zu müssen, und schultern die gesamte Verantwortung der Elternarbeit. Elternarbeit ... ist es nicht auffällig, dass viele Begriffe rund um die Familie von unserer Gesellschaft heute als Arbeit bezeichnet und demzufolge als ebensolche empfunden werden? »Care-Arbeit«, Hausarbeit, Erziehungsarbeit,

Pflegearbeit ... Laut dem linguistischen Relativitätsprinzip wissen wir, dass Sprache unser Bewusstsein, unser Denken beeinflusst. Versuche dich vom selbst auferlegten Druck zu befreien und suche dir in deinem privaten und beruflichen Netzwerk Unterstützung. Familie sollte keine Belastung, sondern im besten Fall Beflügelung bedeuten.

💡 Während oder vor deiner Elternzeit kannst du folgende Überlegungen und Fragen klären:

- Sprich mit deiner Vorgesetzten über Möglichkeiten des »Jobsharings« oder partnerschaftlicher Führungsmodelle.
- Tausche dich schon frühzeitig mit Kollegen oder deinem Netzwerk im Unternehmen zum »Jobsharing« aus.
- Vielleicht findest du hierzu eine Kollegin oder einen Kollegen mit ähnlichem Werteverständnis und ähnlichen Bedürfnissen.
- Sprich offen mit deinem Lebenspartner über die Zeit nach der Geburt und stimmt euch zusammen ab, wer welche Aufgaben zu Hause übernehmen wird.
- Wie bleibe ich auf dem Laufenden, was meinen Aufgabenbereich, meine Organisation, meine Branche betrifft?
- Wie kann ich meinen Alltag strukturieren, um Zeiten für mich einzubauen?
- Wo kann ich welche Unterstützung erhalten?
- Gibt es Elternnetzwerke, um sich gegenseitig zu unterstützen?
- Wie bleibe oder werde ich sichtbar?
- Ist mein Profil in den einschlägigen Berufs- und Karrierenetzwerken aktuell und gepflegt?
- Gibt es Themen, zu denen ich interessante Beiträge oder Artikel schreiben und über Social Media oder meine beruflichen Netzwerke teilen kann?
- Gibt es interessante Themengebiete, in denen ich mich zum Beispiel über Onlinelernplattformen fortbilden kann?

- Sprich mit deinem Partner offen über Geld und euer Haushaltsbudget. Regelt eure Finanzen und legt gemeinsam fest, wer in Teilzeit geht oder länger zu Hause bleiben möchte. Für denjenigen sollten weiterhin Beiträge für die eigene Altersabsicherung/ den Vermögensaufbau angelegt werden.

Von einem Vater, der nicht aus-, sondern in Teilzeit zog

Norbert hatte Frau und Kind. Er hatte eine gut bezahlte Arbeitsstelle, war gut eingearbeitet und ein beliebter Kollege. Dennoch wollte er etwas ändern, dazu suchte er das Gespräch mit seinem Chef. Sein Ziel war es, eine für seine Familie passende Lösung zu finden, denn seine Frau hatte erst kürzlich ihr Studium beendet und war erleichtert, eine Arbeitsstelle gefunden zu haben, in der sie gute Entwicklungschancen für sich sah.

Da Norbert bereits über etliche Jahre Berufserfahrung verfügte und durch seine Qualifikation (Ausbildung und Studium) breit aufgestellt war, hatte er die klare Haltung, dass er »notfalls jederzeit irgendwo einen neuen Job würde finden können«, und bot seiner Frau an, ihr entgegenzukommen. Er wollte so lang in Teilzeit gehen, bis ihr Kind in die Schule käme. Dadurch könnte sie weiter in Vollzeit arbeiten und erst mal wichtige Berufserfahrung sammeln, während er morgens das Kind in die Kita bringen, es nachmittags wieder abholen und die Zeit gemeinsam mit ihm verbringen könnte.

Ergebnis: Er stellte auf Teilzeit (70 Prozent) um und vereinbarte mit seinem Chef, einen Teil seiner Arbeit vom Homeoffice aus zu erledigen. Das lief so gut, dass er seine Vollzeitstelle gar nicht mehr vermisste, wie er mir erzählte. Die Zeit mit seinem Kind tat beiden gut, und seine Frau blühte bei ihrer Arbeit förmlich auf und wurde innerhalb kurzer Zeit sogar befördert.

> Aus dem beliebten Kollegen wurde ein gefeierter Kollege, gerade unter den Mitarbeiterinnen sprach sich seine »väterliche Fürsorgepflicht und die Rücksichtnahme auf seine Frau« herum. Und: Er hat bis heute überhaupt keinen Nachteil auf seinem weiteren beruflichen Werdegang erlebt.

Von Norberts Haltung darfst du dir gern eine Scheibe abschneiden und das Selbstverständnis entwickeln, dass »jederzeit irgendwo ein neuer Job zu finden« ist. Mache dir bewusst:

- Deine Familie ist (d)ein Team.
- Findet gemeinsam eine tragbare Lösung, die beiden Eltern den jeweiligen Spielraum zur Weiterentwicklung lässt.
- Trau dich, in deiner Organisation/bei deinem Arbeitgeber selbstbestimmt aufzutreten und eine Weiterentwicklung – trotz und wegen – deines Nachwuchses einzufordern, denn du hast es verdient!

Rosarote Brille? Bleibe dir treu, sonst droht Altersarmut!

Ohne den Teufel an die Wand malen zu wollen, rate ich: Denk an dich und deine berufliche Zukunft, denn auch eine glückliche Ehe oder Partnerschaft kann in die Brüche gehen. Bei einer Scheidungsrate von etwa 35,8 Prozent laut Statistischem Bundesamt (Stand 2019) kommt auf drei Eheschließungen eine Scheidung.[43] Wenn du die Glückliche bist, bei der die Ehe »ewig« hält, dann sei dir mein herzlichster Glückwunsch sicher.

Doch rosarote Brille mal beiseite, eine etwas nüchterne Realitätsnähe kann nicht schaden, vielmehr schützt sie dich vor bösen Überraschungen im Alter. Denn bei einer Trennung ist neben den

Kindern (falls vorhanden) gern die Frau die Leidtragende. Emotional nicht zwangsläufig, aber fast immer finanziell.

In vielen mir bekannten Fällen bleibt die Mutter über Jahre zu Hause oder in Teilzeit beschäftigt und stellt ihre beruflichen Ambitionen hinter die ihres Partners. Darüber hinaus kenne ich etliche Beispiele von »Unternehmergattinnen«, die zusammen mit ihrem Ehepartner ein erfolgreiches Geschäft aufgebaut haben, immer im Sinn des Ganzen gedacht und gehandelt haben, dazu den Haushalt und die Kinder betreut, aber sich selbst dabei »verloren« haben. Sie haben alles auf eine Karte gesetzt und sich weder um ihre eigene Altersvorsorge noch um einen Plan B gekümmert. Es war alles immer »unser gemeinsames Ding«. Die offiziellen Geschäftspapiere weisen meist den Mann als geschäftsführenden Gesellschafter oder als Inhaber aus, die Gattin ist, wenn überhaupt, offiziell häufig auf 450-Euro-Basis oder im Übergangsbereich, wie die frühere Gleitzone seit 2019 offiziell heißt,[44] angestellt. Im Trennungs- oder Scheidungsfall behält er die Zügel in der Hand, und gemeinsam getätigte Investitionen, wie Immobilien oder Wertpapierdepots, hängen von der Entwicklung der »gemeinsamen« Firma ab.

Konsequenz: Es droht die bittere »Altersarmut«, die hierzulande laut der OECD-Studie *Renten auf einen Blick* aus dem Jahr 2019 besonders die Frauen betrifft.[45]

In Krisenzeiten, wie der Coronapandemie, können wir diese Tendenz verstärkt wahrnehmen. Dazu wurde in der Berichterstattung häufig »Corona als Brennglas« in einem Atemzug mit »Rolle rückwärts« erwähnt, worauf ich in Kapitel 2 bereits kurz eingegangen bin.

Dadurch, dass du in Teilzeit arbeitest oder länger in der Erziehungszeit verweilst, zahlst du weniger Beiträge in die gesetzliche Rentenversicherung ein, was sich mindernd auf deine Rentenanwartschaften im Alter auswirkt. Das oben unter **Stolperstein**

Vereinbarkeit von Familie und Beruf – die Lösung liegt in der Kooperation! erwähnte Ehegattensplitting und weitere Faktoren wirken sich wie ein Hindernis in unseren Köpfen und auch auf deinem Weg aus.

Räume die Hindernisse durch geschickte Planung beiseite, indem du dir dazu ein paar Gedanken machst:

- Wie bin ich im Fall einer Trennung oder Scheidung aufgestellt?
- Nutze ich die Möglichkeit, mich beruflich auf dem Laufenden zu halten?
- Wie sieht meine berufliche Weiterentwicklung nach der Erziehungszeit, Teilzeitarbeit oder dem beruflichen →*Tandem* aus?
- Hat mein Partner als Vater die Möglichkeit, in Elternzeit oder Teilzeit zu gehen, damit ich meine Karriere vorantreiben kann?
- Habe ich die Möglichkeit, mir ein nebenberufliches Standbein aufzubauen?
- Möchte ich mein bisher nebenberufliches Standbein zu einer vollen Selbstständigkeit ausbauen?
- Über welche beruflichen Netzwerke, die mich bei einer Um- oder Neuorientierung unterstützen können, verfüge ich?
- Habe ich mit meinem Partner über unsere finanzielle Situation gesprochen?
- Gibt es einen finanziellen Ausgleich für mich für die Zeit meiner Teilzeitbeschäftigung, das heißt, nutzen wir oder ich die Möglichkeit, weiterhin in den privaten Vermögensaufbau zu investieren?

Aussteigen, umsteigen – gründen!

Als Selbstständige hast du die besondere Herausforderung, selbst für dein Auskommen, die Gestaltung deines Arbeitstages, die Akquise von Klienten und den Vertrieb deiner Produkte zu sorgen. Es gibt keinen etwa durch einen Arbeitgeber oder Dienstherrn vorgegebenen Rahmen, der deinen Arbeitstag strukturiert. Und am Monatsende fließt auch nicht automatisch Geld aufs Konto. Dein »Arbeitsplatz« wird von dir selbst organisiert und bezahlt. Somit wären wir beim ersten wichtigen Punkt, deinen (Betriebs-)Ausgaben, die du in jedem Fall über den Absatz deiner Produkte oder Dienstleistungen wieder reinholen solltest. Daneben sind weitere Punkte, wie Steuerrücklagen, Versicherungen und die private Altersvorsorge, zu berücksichtigen. Ich wundere mich immer wieder darüber, dass manche Gewerbetreibende oder Einzelunternehmerinnen den Unterschied zwischen Umsatz und Gewinn nicht kennen und »einfach vergessen«, Steuerrücklagen zu bilden. Und Vermögensaufbau oder Altersvorsorge? Fehlanzeige! Zum Thema der Kostendeckung im Folgenden mehr unter **Als Selbstständige den richtigen Preis finden.**

Jetzt erst mal zurück auf Anfang. Gründe für den Schritt in die Selbstständigkeit gibt es viele: Du möchtest deine Leidenschaft für ein Thema zum Beruf machen. Du wünschst dir, deine Zeit freier einteilen zu können oder etwas dazuzuverdienen. Vielleicht möchtest du dich von deinem Arbeitgeber unabhängig machen oder dich aus den als Mühlen des Konzerns empfundenen Abhängigkeiten befreien.

Für deine Existenzgründung bieten sich dir mehrere Wege an: Du kannst dich (zunächst) im Nebenerwerb selbstständig machen (auch als hybride Selbstständigkeit bezeichnet) oder deine Selbstständigkeit direkt als Haupterwerb starten. Die Art deiner selbstständigen Tätigkeit entscheidet darüber, ob du ein Gewerbe anmelden musst oder als Freiberuflerin giltst. Hierzu hilft dir ein Blick auf den Katalog der freien Berufe in § 18 EStG, wobei bei einigen neuen Berufsfeldern, die noch nicht eindeutig als freier Beruf definiert sind, das

Finanzamt das letzte Wort hat und darüber entscheidet, ob für deine Tätigkeit nicht doch ein Gewerbe angemeldet werden muss. Als Freiberuflerin hast du unter anderem die Vorteile, dass du kein Gewerbe anzumelden brauchst, kein Pflichtmitglied in der Industrie- und Handelskammer (IHK) oder Handwerkskammer (HWK) bist, kein Eintrag ins Handelsregister erfolgt und du nur die einfache Einnahmenüberschussrechnung (EÜR) anstelle einer Bilanz zu machen brauchst. Bilanzieren musst du als Gewerbetreibende, es sei denn, dein Gewerbe liegt in gewissen Umsatz- und Gewinngrenzen (Gewinn bis zu 60.000 Euro, Umsatz bis zu 600.000 Euro im laufenden Wirtschaftsjahr).

Daneben kannst du, je nach Konstellation und rechtlicher Voraussetzung, eine geeignete Rechtsform festlegen. Rechtsformen sind zum Beispiel das Einzelunternehmen, eine UG (haftungsbeschränkt), eine 1-Personen-GmbH, eine GbR oder alternativ dazu die Partnergesellschaft (PartG), eine GmbH, eine OHG, eine KG, eine Aktiengesellschaft (AG) oder eine eingetragene Genossenschaft. Die »ideale« oder die »in Stein gemeißelte« Rechtsform gibt es nicht, denn die Unternehmensentwicklung kann nach einiger Zeit oder beispielsweise bei einer erforderlichen Wachstumsfinanzierung erweiterte Anforderungen an die (ursprünglich gewählte) Rechtsform stellen. Das Gros der neu gegründeten Unternehmen in Deutschland wird in der Form des Einzelunternehmens geführt,[46] deshalb wollen wir an dieser Stelle davon ausgehen, dass du diese Zeilen als Einzelunternehmerin liest, und nicht weiter auf die verschiedenen Rechtsformen eingehen, nicht zuletzt, um den Umfang dieses Buches nicht zu sprengen.

Deine Existenzgründung setzt zunächst einmal grundlegend voraus, dass du eine Idee hast, mit der du dich selbstständig machen möchtest. Im besten Fall bietest du mit deiner Dienstleistung oder deinem Produkt genau die Lösung für das Problem an, das deine

Zielkundschaft hat. Das bedeutet, du weckst den Bedarf bei deiner Klientel und verkaufst ihr die passende Lösung.

Bei der Erwägung, ob eine Selbstständigkeit für dich der richtige Weg ist, können dich folgende Überlegungen und Fragestellungen unterstützen.

Du als Unternehmerinnenpersönlichkeit:

- Habe ich das Zeug zur Unternehmerin?
- Wie gut kann ich mich selbst organisieren und mein Aufgabenpensum strukturieren?
- Worin sehen Menschen, die mich gut kennen, meine markttauglichen Stärken?
- Was kann ich an meinem Auftreten, guten Freunden zufolge, noch verbessern?
- Verfüge ich über ein gutes Netzwerk, zum Beispiel aus anderen Unternehmerinnen oder Kooperationspartnerinnen?
- Bin ich ein offener und kommunikativer Mensch, der gut tragende Kontakte knüpfen kann?
- Strahle ich die Begeisterung für das, was ich tue, aus?
- Kaufen die Menschen mir ab, wofür ich stehe und was ich bewegen möchte?
- Welche meiner Stärken sind es wert, weiterempfohlen zu werden?
- Möchte ich mich (zunächst) nebenberuflich oder hauptberuflich selbstständig machen?
- Wenn eine nebenberufliche Selbstständigkeit geplant ist, wie ist diese mit meinem Hauptberuf vereinbar?
- Habe ich gute Rückendeckung? Ist meine Familie bereit, diesen Schritt emotional und eventuell auch finanziell mitzutragen?
- Verfüge ich über genügend Motivation, Ehrgeiz, Belastbarkeit, Einsatzbereitschaft, Geduld?
- Ist meine Qualifikation ausreichend?

- Verfüge ich über genügend kaufmännisches (Gründungs-)Wissen?
- Bin ich fit in Buchhaltung und Kalkulation?
- Falls nicht, weiß ich, wo ich mir Unterstützung und Gründungsberatung holen kann?

Das Finanzielle:
- Gelingt mir eine Existenzgründung ohne Eigenkapital?
- Benötige ich externes Gründungskapital?
- Lohnt sich die Überlegung, einen Existenzgründerzuschuss zu beantragen (Achtung, gilt nur bei Gründung aus einer Arbeitslosigkeit heraus)?
- Verfüge ich über ein ausreichendes finanzielles Polster, um die ersten Jahre oder Zeiten der Flaute überstehen zu können?
- Habe ich einen Überblick über die Anschaffungskosten der benötigten Büro-, Gewerbe-, Praxisausstattung?
- Habe ich einen Businessplan erstellt? (Ist immer sinnvoll, auch wenn du keinen externen Kapitalgeber benötigst.)
- Welche Kosten entstehen bei der Produktherstellung, -lagerung, -beschaffung?
- Habe ich mich über die benötigten betrieblichen und privaten Versicherungen informiert?
- Habe ich eine gute, unabhängige Versicherungsberaterin?
- Habe ich guten und kompetenten Rat in steuerlichen Fragen? (Achtung: Hier ist oft besondere Vorsicht wichtig. Nicht jede Person aus den steuerberatenden Berufen kennt sich wirklich mit Existenzgründungen und den damit verbundenen Möglichkeiten, Förderungen und Risiken aus.)

Dein Geschäfts- oder Gründungszweck:
- Werde ich allein oder mit weiteren Personen zusammen gründen?
- Welche Rechtsform werde ich wählen?

- Habe ich eine Wort-Bild-Marke entwickelt, die ich schützen lassen möchte?
- Oder trete ich mit meinem Vor- und Zunamen auf (in der Rechtsform des Einzelunternehmens meist der Fall)?
- Habe ich mein geistiges Eigentum, auch IP (Intellectual Property) genannt, schützen lassen (Patent, Gebrauchsmuster)?
- Was macht meine Dienstleistung oder mein Produkt so besonders?
- Was biete ich an, das andere nicht haben?
- Wodurch hebt sich meine Unternehmung von Mitbewerbern im Markt ab?
- Für was oder auf welchem Gebiet bin ich Expertin?
- Wie sieht mein Leistungsversprechen aus? Kann ich dieses halten?
- Wie sieht meine Außendarstellung (Internet, soziale und geschäftliche Netzwerke) aus?
- Wie sieht meine Zielgruppe aus, welche Wünsche, Bedürfnisse, Probleme, Werte hat sie?
- Habe ich dazu schon konkret eine →*Buyer Persona* erstellt?
- Habe ich meine Akquise und Ansprache zielgruppengerecht (→*Buyer Persona*) gestaltet?
- Wie möchte ich künftig neue Marktanteile erschließen?
- (Wie) nehmen meine Zielkunden mich und mein Angebot wahr?
- Wie gelingt mir ein tragendes Kundenbeziehungsmanagement?

Raum für deine eigenen Notizen und Ergänzungen:

- _____
- _____
- _____
- _____
- _____
- _____

Als Selbstständige den richtigen Preis finden

Dein Verkaufspreis sollte so gewählt werden, dass er bei einem – realistisch zu erreichenden – Absatz deiner Produkte oder deiner Dienstleistung nicht nur deine laufenden Betriebskosten, die Entwicklungskosten (materiell oder immateriell) und Steuerrücklagen, sondern auch deinen kompletten Lebensunterhalt, inklusive der notwendigen Sparrate für deine Rücklagen (kurzfristige Rücklage, mittelfristige Risikovorsorge und langfristige Altersvorsorge), decken kann. Krisenszenarien, wie die Coronapandemie, zeigen, dass du immer ein finanzielles Polster haben solltest, das dich mindestens sechs bis neun Monate mit allen Kosten über Wasser halten und dir dadurch leichter den Re-Start ermöglichen kann. Aus diesem Grund sei noch mal daran erinnert, wie wichtig es ist, dass du für dich einen Businessplan unter Einbeziehung verschiedener Szenarien schreibst, auch wenn du keine externen Kapitalgeber für deine Existenzgründung benötigst. Hierzu findest du im Netz gute Vorlagen, darüber hinaus gibt es Existenzgründungsberatungsstellen, die dir weiterhelfen. Wichtig ist, dass du deine Finanzen in die Hand nimmst und Schritt für Schritt, neben der Deckung deiner Ausgaben, auch Rücklagen aufbaust.

Für eine Selbstständigkeit im Nebenerwerb als hybride Selbstständige hast du noch nicht den Druck der vollständigen Kostendeckung deines Lebensstandards. Im eigenen Interesse gilt es jedoch zu berücksichtigen, dass für deinen erzielten Gewinn neben der Besteuerung (Einkommenssteuer und, je nach Situation, Umsatzsteuer sowie gegebenenfalls Gewerbesteuer bei angemeldetem Gewerbe) auch Beiträge für die gesetzliche Krankenversicherung und gegebenenfalls für die gesetzliche Rentenversicherung anfallen können. Das kommt dann zum Tragen, sobald du mit deiner Selbstständigkeit Einkünfte (Gewinn) erzielst, die regelmäßig über der Geringfügigkeitsgrenze von derzeit 450 Euro monatlich liegen.

Im Zusammenhang mit der Preisfindung wird dir wahrscheinlich schon das »magische Dreieck der Preisbildung« mit seinen Ecken »kostenorientierte Preisbildung«, »konkurrenzorientierte Preisbildung« und »kunden- beziehungsweise marktorientierte Preisbildung« begegnet sein, abgekürzt auch »die drei Ks« für »Kosten«, »Kunden«, »Konkurrenz« genannt.[47] Das bedeutet, neben deinen Kosten solltest du die gängigen, erzielbaren Marktpreise in deinem Dienstleistungssektor oder für dein Produkt recherchieren und herausfinden, wo deine Mitbewerber in etwa liegen. Hierzu hilft es dir, zu wissen, zu welchen Marktteilnehmern du in direktem Wettbewerb stehst und wie dich deine Zielkunden in diesem Zusammenhang sehen.

Zwei Beispiele:

Wenn du hochwertige, in Deutschland produzierte und aus naturgegerbtem Leder gefertigte Handtaschen designen und vermarkten möchtest, stehst du nicht in direkter Konkurrenz zu weltweit renommierten Luxusmarken wie Louis Vuitton aus dem Haus LVMH, sondern du bedienst eine Marktnische mit einer Klientel, die sich vielleicht eine Tasche gönnen möchte, die nicht jeder überall wiederfindet und die nicht auf den ersten Blick als bekannte Markenware identifizierbar ist. Vielleicht hat deine Kundin auch ein anderes Werteverständnis als eine Louis-Vuitton-Kundin.

Wenn du als Unternehmensberaterin im Markt unterwegs bist, spielst du als »Einzelkämpferin« in einer ganz anderen Liga als das Oligopol der renommierten Wirtschaftsprüfungsgesellschaften der »Big Four«, die neben der reinen Wirtschaftsprüfung mittlerweile auch Beratung im Bereich Transformation, Digitalisierung, Restrukturierung und Sanierung anbieten.[48] Deine Kunden werden wahrscheinlich eher im Bereich der Kleinst-, Klein- und mittelständischen Unternehmen (KMU)[49] angesiedelt sein. Und sie wünschen den schnellen, persönlichen Austausch auf Augenhöhe mit dir als Expertin auf deinem spezifischen Fachgebiet. Du solltest »mittelstandstauglich« sein und die Probleme deiner Kunden kennen. Deine Preisfindung muss also berücksichtigen, dass deine Klientel dein Angebot neben dem inhaltlichen Umfang auch deshalb genau prüft, weil du keinen vergleichbaren Namen in der Branche hast.

Neben den quantifizierbaren Faktoren geht es bei deiner Preisfindung fundamental um die Fragen:

- Was bin ich (mir) wert?
- Was sind (mir) meine Zeit, meine Energie, meine Kompetenz, meine Erfahrung, meine Kreativität, meine Werte und mein Herzblut, das in meine Dienstleistung oder in mein Produkt fließt, eigentlich wert?

Zugegeben, diese Fragen zielen auf einen ideellen Wert ab, doch sie helfen dir dabei, ein Selbstverständnis für die Wertigkeit deines Produktes oder deiner Dienstleistung aufzubauen, das dir im Verkaufsprozess gedanklich ein stabiles Fundament bietet. Im Zusammenhang mit der Preisverhandlung kannst du darauf verweisen und somit klarstellen, welchen Mehrwert deine Kundin erhält. Dazu im folgenden Kapitel mehr.

Als Selbstständige deinen Preis oder dein Honorar verhandeln

Das, was du als Angestellte nur dann tust, wenn du dein Gehalt verhandelst oder dich bewirbst, nämlich das »Verkaufen in eigener Sache«, steht für dich als selbstständige Unternehmerin ganz oben auf der Tagesordnung. Es ist ein, wenn nicht sogar der entscheidende Faktor für den Erfolg deines Geschäftsmodells. Wir leben in einer Zeit, in der das sichtbare Anpreisen, das Auffällige, das Schrille, das Laute oder, einfach gesagt, die bestmögliche Werbe- oder PR-Strategie für Aufmerksamkeit und damit für den Absatz der entsprechenden Ware oder Dienstleistung sorgt. Je nach Produkt, Dienstleistung und Zielgruppe setzt sich zwar langfristig gute Qualität, gute Kundenbindung und Topservice durch, doch um überhaupt einen Kundenstamm aufzubauen und damit PS auf die Straße zu kriegen, wie es so schön heißt, musst du wahrgenommen werden.

Gleichwohl entwickeln selbst gestandene Vertriebsleute die fantasievollsten Vermeidungsstrategien, wenn es um die (Kalt-)Akquise und ums Verkaufen geht. Wenn du nicht der Verkäufertyp bist und deine Qualität erst dann gut an die Frau oder den Mann bringst, wenn diese schon von selbst an deine Tür klopfen, suche dir einen Vertriebsprofi oder eine Marketingexpertin, die dich bei der klassischen Akquise und/oder dem Onlinemarketing unterstützt.

Dennoch gibt es Situationen, in denen du dazu verpflichtet bist, die gesamte Klaviatur des Verhandelns (siehe Kapitel 14 **Die Psychologie des Verhandelns**) zu beherrschen, um als Geschäftspartnerin ernst genommen zu werden. Das können Verhandlungskonstellationen mit Lieferanten, mit externen Dienstleistern, mit Herstellern, Großhändlern, Vermietern oder mit Anbietern von Büroausstattung sein. Und selbst wenn du deine Kundenakquise ausgelagert und bereits Kontakt zur Kundschaft hast, willst du schlussendlich erreichen, dass deine Dienstleistung oder dein Produkt bestenfalls zu deinem Maximalpreis gekauft wird. Demzufolge ist das Ziel der Preisverhandlung, einen erfolgreichen Verkauf und damit eine für beide Seiten angemessene Lösung zu finden. Es findet ein Tausch statt: Geld gegen Dienstleistung oder Produkt.

Dieses Ziel erreichst du, indem du dir im Vorfeld einige grundlegende und im Folgenden näher beschriebene Gedanken bewusst machst und daraus Erkenntnisse und die richtigen Handlungen ableitest.

Mit deinem Angebot bist du die Expertin für die Probleme deiner Kundschaft.

Bevor du dich im Verkaufsgespräch in Produktdetails verlierst und deine Kundin nicht erreichst, weil du an ihr vorbeiredest, mache dir bitte klar, dass du die Lösung für das Problem deiner Kundin hast. Bestenfalls hast du dich als Expertin für ein bestimmtes Thema im Markt positioniert, das deine Zielgruppe nachfragt. Folglich verkaufst du ihr nicht das eigentliche Produkt oder die eigentliche Dienstleistung, sondern die Lösung ihres Problems. Im Vertrieb habe ich dazu ein Bild an die Hand bekommen. Zugegeben, es erscheint auf den ersten Blick simpel und ist für Profis aus der Vertriebsbranche ein alter Hut, doch im Kern ist viel Wahres dran: Nicht die Bohrmaschine, sondern das Loch in der Wand muss verkauft werden. Ich gehe da für mich im Geist noch ein Stück weiter und verkaufe das stabil an der Wand aufgehängte Bild, also die langfristige Lösung, denn ich selbst will als Kundin nicht etwa ein Loch in der Wand haben, sondern eine Schraube in die Wand schrauben und dann ein Bild aufhängen (meine endgültige Lösung) oder etwas zusammenschrauben, in das ich vorher Löcher gebohrt habe, aber gut, das wird jetzt fast schon philosophisch.

Identifiziere die Bedürfnisse, Sorgen, Probleme und Kaufmotive deiner Klientel.

Zurück zu deinem Verkaufsprozess: Je besser du deine Zielkunden kennst und weißt, welche Bedürfnisse, Sorgen und Probleme sie plagen und welches Werteverständnis, welche Einstellungen, welche Vorlieben und Hobbys sie haben, desto besser kannst du auf sie eingehen, indem du zum Beispiel gezielt auf ihre Werte referenzierst und dadurch das Kaufmotiv identifizierst. Stichwort: →*Buyer Persona.* Dazu kennst du bestenfalls deine Werte und weißt, wofür du stehst und was sich davon in deinem Produkt wiederfindet. Um einen weiteren alten Hut zu bemühen: »Der Köder muss dem Fisch schmecken, nicht dem Angler.«

Höre genau hin.
Stelle offene Fragen und erfahre, wo deine Klientin sprichwörtlich der Schuh drückt. Sprich darüber, wie die Leistung, Qualität und Stärke deines Produktes konkret zur Lösung ihres Problems führen kann. Tatsächlich ist es nützlich, hierzu ein paar einfache Regeln zu beachten, an der manche Verkaufsprofis kläglich scheitern:

• Dein Redeanteil ist kleiner als der deiner Kundschaft. Lasse deine Klientin reden!

• Lenke das Gespräch durch geschickte Detail- und Informationsfragen, ohne dich dabei zu verstellen.

• Bleibe interessiert – nicht weil es dir in einer Verkaufsschulung beigebracht wurde, sondern, weil du aus vollem Herzen interessiert bist.

Authentizität und Persönlichkeit gewinnen.
Ich finde, es gibt nichts Schlimmeres im Verkauf, als wenn auswendig gelernte Verkaufsrhetorik eimerweise über die Kunden ausgeschüttet wird. Und das, ohne auf die persönlichen Belange der Kunden einzugehen, sondern den Eindruck erweckend, einfach nur schnell einen Gesprächsleitfaden herunterleiern und damit schnell ans Ziel kommen zu wollen.

Vertrauen wirst du durch Authentizität gewinnen. Das gilt ganz besonders in diesen Zeiten, da nahezu alle Produkte und Dienstleistungen auf diesem Planeten ständig verfügbar, miteinander vergleichbar und austauschbar scheinen. Neben dem Augenmerk

auf das →*USP (Unique Selling Proposition)* ist heute die persön-
liche Markenbildung (→*Personal Branding)* von Unternehmens-
lenkern, Unternehmensinhabern und demzufolge auch von dir als
Unternehmerin in den Vordergrund gerückt. Das, was du deinen
Kundinnen vermitteln möchtest, wird im Verkaufsprozess zu deiner
Geschichte, die ein Ergebnis aus deinen Erfahrungswerten, deiner
Kompetenz und deinem Lösungsweg ist. Längst hält dies Einzug in
die Werbekampagnen der größten Konzerne. Sie feilen am Image
des Unternehmens, kreieren Visionen und rücken den CEO ins
Rampenlicht, machen ihn zur Galionsfigur. Der unnahbare Manager war gestern, heute zählt der Mensch zum Anfassen, zumindest
virtuell, in der Welt des schönen Social-Media-Scheins. Denn auch
bis in die Spitzen der großen Häuser ist vorgedrungen, dass Kunden
als Menschen mit Persönlichkeit von Menschen mit Persönlichkeit
kaufen.[50]

Meine Erfahrung im Vertrieb ist, dass Echtheit zählt und wahrgenommen wird. Stehst du wirklich hinter dem, was du anbietest?
Hat dein Angebot die Qualität, die du deiner Kundschaft versprichst?
Gelingt es dir, die Geschichte, die du erzählst, zur erlebten Wirklichkeit deiner Klientin noch während der Beratung und später, während der Nutzung deiner Dienstleistung oder deines Produkts, zu
machen, dann wirst du langfristig zufriedene Klienten gewinnen,
die dich sogar weiterempfehlen.

Stehe zu deinem Preis.

Nenne deinen konkreten Preis, klar und deutlich artikuliert, und
bleibe souverän. Sobald du hier Unsicherheit zeigst oder dich mit
deinem Preis nicht wohlfühlst, weil du diesen für dich noch nicht
annehmen kannst, wird deine Kundschaft das genauso über deine
Sprache und Körpersprache wahrnehmen und erst recht nachhaken,
weil bei ihr ankommt, dass »etwas nicht stimmt«.

Um das zu vermeiden, setze dich mit der Preisfindung (siehe auch **Als Selbstständige den richtigen Preis finden**) auseinander. Um im Preisverhandlungsprozess mehr Spielraum zu haben, kannst du drei Angebotspakete, die den konkreten Leistungsumfang, den dazugehörigen Service und den entsprechenden Preis beinhalten, entwickeln. Damit bietest du deinen Klientinnen die Auswahl zwischen einem Premium-, einem mittelwertigen und einem Standardangebot.

Traue dich, mit deinem Premiumangebot ins Rennen zu gehen und diesen Wert als Anker in der Preisverhandlung zu platzieren. Dieses erstgenannte Angebot gibt in der Verhandlung den Ton an, was bedeutet, dass deine Klientin die weiteren Angebote unbewusst mit dem erstgenannten Angebotspreis in Relation setzen wird (Ankereffekt, siehe Seite 243.

Reagiert die potenzielle Kundschaft mit dem Einwand »Es gibt andere Anbieter, die viel günstiger sind«, kannst du dir überlegen, was souveräner wirkt: das hastige Erklären und Rechtfertigen deines Preises oder ein ruhiges »Ja, ich weiß« im Vertrauen auf deine Qualität und Expertise? Letzteres, kombiniert mit einigen Sekunden des Schweigens, zeugt von deiner Überzeugung.

Das Beste zum Schluss.

Sprich im Zuge der Verhandlung anstelle einer voreiligen Preissenkung lieber zusätzliche Serviceleistungen an und frage deine Klientin, wie wichtig bestimmte Qualitätsmerkmale oder Betreuungsqualität für sie sind.

Hierzu hilft dir ein kleiner gedanklicher Kunstgriff: Erstelle im Vorfeld eine interne Liste deiner Topverkaufsargumente, beispielsweise von Top-1-Argument (das allerbeste) bis Top-5-Argument (das fünftbeste Argument). Dann erwähnst du dein Top-1-Argument zum Schluss, nachdem du zu Beginn des Verkaufsprozesses beispielsweise dein Top-2- oder Top-3-Argument erwähnt hast.

Dahinter steckt keine billige Manipulation, sondern du machst dir das psychologische Phänomen des Rezenzeffektes (siehe Seite 245 zunutze. Unser Gehirn kann nur eine bestimmte Menge an Informationen aufnehmen und verarbeiten. So bleiben aus einem Gespräch meist die erste und die zuletzt genannte Information in unserem Gedächtnis haften, sodass wir uns an die jeweils zu diesen Zeitpunkten geflossenen Angaben und Fakten besonders gut erinnern können.

Nutze die Kraft des Schweigens.

Nach der entscheidenden Frage, ob das Angebot in der Form interessant für die Klientin ist oder es weitere Punkte gibt, die zu klären wären, gilt es, abzuwarten und – zu schweigen. Versuche nicht, die Klientin durch hastig wiederholte Produktbeschreibungen, die »noch ganz wichtig zu erwähnen« sind oder die du »fast ganz vergessen hast«, zu einer Entscheidung zu drängen. Lasse sie für sich entscheiden, biete ihr durch deine Ruhe und Souveränität, die du ausstrahlst, den nötigen Raum dazu.

Gib ein schriftliches Angebot ab.

Für den Fall, dass du ein schriftliches Angebot formulieren möchtest, gilt es, deine Interessenten nicht zu lange warten zu lassen. Bereite dein Angebot professionell auf und nutze gegebenenfalls branchenspezifische Vorlagen. Dein Angebot sollte den Leistungsumfang (inklusive Art, Bezeichnung, Qualität, Preis der Ware oder Art, Umfang, Vergütung der Dienstleistung und gegebenenfalls Kosten für Verpackung, Versicherung, Transport, Liefertermin und Zahlungsbedingungen) nachvollziehbar und transparent wiedergeben. Um beiden Seiten Verhandlungsspielraum zu ermöglichen, kannst du dein Angebot modular aufbauen und durch wählbare Leistungen deinen Kunden eine Individualisierung ihrer Lösung ermöglichen, oder du bedienst dich der zuvor entwickelten drei Angebote (Premium, Medium, Standard). Setze eine Frist, sofern diese nicht schon durch gesetzliche Vorgaben geregelt ist, bis zu der du dich an dein Angebot gebunden fühlst.

Mache strategische Angebote.

Es gibt Situationen, in denen du strategische Preisnachlässe gewähren musst, weil du einen Klienten nicht an Mitbewerber abgeben oder verlieren möchtest oder weil du ausgerechnet diesen speziellen Kunden als Referenzkunden gewinnen möchtest. Das sollten Ausnahmen bleiben, wenn du dir deinen Marktpreis nicht dauerhaft ruinieren möchtest. Ein einmal gewährter Preisnachlass weckt aus Kundensicht die Erwartungshaltung, bei potenziellen Folgegeschäften immer wieder besonders günstige Angebote zu erhalten. Eine spätere Preiserhöhung muss in einem solchen Fall besonders gut, zum Beispiel durch qualitative Produktverbesserungen oder umfangreichere Serviceleistungen, begründet sein.

Vorsicht vor der »Umsonst-Falle«.

Wenn ich mich in Social-Media-Kanälen oder auf den geschäftlichen Plattformen im Internet umsehe, dann entdecke ich unendliche Weiten. Ein riesiger Kosmos aus Umsonst-Angeboten verspricht mir den »schnellen Erfolg«, das »große Glück« oder lockt mit der gefühlt hundertsten »21-Tage-Challenge«. Die kostenfreien E-Books, Checklisten, Einstiegskurse, 10-Punkte-Erfolgspläne oder 3-Stufen-zum-Glück-Angebote werden dem Besucher als Werbegeschenk (im Fachjargon »Freebie«) unter die Nase gehalten. Schnell ist das Muster dahinter durchschaubar.

Es geht um den Tausch »Daten gegen Werbegeschenk« mit dem Ziel der Kundengewinnung (geschmeidiger »Leadgenerierung«). Denn um das Geschenk zu erhalten und um im Weiteren »kein tolles

Angebot mehr zu verpassen«, trägst du dich als Besucherin einfach mit deiner E-Mail-Adresse in den Newsletter ein. Und schon bist du mittendrin im Trichter. Genauer: im Verkaufstrichter (»Sales Funnel«). Dadurch bist du als potenzielle Kundin, also als Lead, weiterhin kontaktierbar. Durch geschickt gesetzte Berührungspunkte mit dem Produkt oder der Dienstleistung (»Touch Points«) während deines Besuchs, der einer Reise gleichen soll (»Customer Journey«), wird deine Aufmerksamkeit so gefesselt und dein Bedarf bestenfalls derart geweckt, dass du schließlich Kundin wirst, indem du das angepriesene Produkt kaufst.

Hier wird sich des Gesetzes der →*Reziprozität,* des Prinzips der Gegenseitigkeit, auf dem menschliches Handeln fast überall auf der Welt beruht, bedient. Durch das Werbegeschenk soll ein Schuldgefühl im Kopf des Empfängers provoziert werden. Dieses Schuldgefühl wird im Verkaufstrichter immer mehr verstärkt und führt idealerweise dazu, dass der spätere Kaufvorgang quasi als Ausgleich dazu erfolgt.

So weit, so klar, und bitte verstehe das nicht falsch, ich habe gar nichts gegen ausgeklügelte Vertriebsstrategien einzuwenden. Nur wenn es alle so machen, dann verliert es seinen Reiz und dann besteht die Gefahr, dass mögliche Klienten bei diesem Spiel gar nicht mehr mitmachen, weil sie die Masche dahinter durchschauen.

Zum Zweiten: »Was nichts kostet, ist nichts wert.« Wenn du dir überlegst, Leadgenerierung zu betreiben, dann wirst du im eigenen Interesse deinen Interessenten schon mit deinem »Freebie« eine Teillösung ihres Problems an die Hand geben. Denn du möchtest ihre Erwartungshaltung nicht enttäuschen und sie nicht als potenzielle Kunden verlieren. Also bietest du bereits einen Mehrwert an, um deine E-Mail-Liste wachsen zu lassen. Und jetzt hast du ein Problem. Deine Interessenten haben also auf den ersten Blick eine Lösung ihres Problems erfahren, warum sollten sie dann noch bei dir kaufen? Es gibt so vieles umsonst, da schauen sie sich doch glatt noch mal woanders um. Durch immer mehr Umsonst-Angebote wird der erzielbare Preis einer Dienstleistung verwässert, und immer weniger Interessenten sind bereit, einen Preis für etwas zu zahlen, das es überall umsonst gibt.

Hundert virtuelle Kontakte sind nicht so viel wert wie ein persönlicher Kontakt.

Ein guter Preis kann folglich nur noch mit wesentlich mehr Anstrengung erzielt werden. Der Mehrwert muss erklärt, gezeigt und erlebt werden. Dazu eignet sich nach wie vor am besten der persönliche Kontakt zu deinem möglichen Kunden. Ob per E-Mail, telefonisch oder, wenn möglich, über die persönliche Begegnung.

Auch wenn du deine Inhalte, Produkte und Dienstleistungen heute ganz bequem und von überall auf der Welt online vertreiben kannst, wird nur ein bestimmter Anteil deiner Zielgruppe lediglich aufgrund deiner Internetpräsenz Kunde bei dir.

Es sei denn, du hast bereits einen großen Namen und bist dadurch zu einer bekannten Marke gereift. Dann verfügst du logischerweise über Bekanntheit und genießt darüber bereits einen Vertrauensvorschuss bei deiner potenziellen Klientel. Im Beratungs- oder Dienstleistungssektor kann das mithilfe von Publikationen, Büchern oder Vorträgen gelingen, durch die deine Zielgruppe dich bereits kennengelernt oder erlebt hat. Aber auch hier solltest du den langen Weg dorthin, mit Höhen und Tiefen, mit Erkenntnisgewinnen und möglichen Rückschritten, die es zu überwinden gilt, nicht unterschätzen.

Selbst wenn es dir gelingt, innerhalb kürzester Zeit einen großen E-Mail-Verteiler aufzubauen, ist das nicht etwa eine abstrakte Größe. Nein, es stehen Individuen dahinter, einzelne Menschen mit ihren jeweiligen Bedürfnissen, Werten und Themen. Und am

Ende geht es darum, deren Vertrauen zu gewinnen, weshalb auch im Zeitalter der theoretisch unbegrenzten Reichweite durch das Internet der persönliche Kontakt für eine gute und langfristige Kundenbeziehung immer noch entscheidend ist.

8

Strategisch vorankommen

Werde laut und sichtbar! Warum PR in eigener Sache sinnvoll ist

»Ich finde das übertrieben bis affig, wie sich manche männlichen Kollegen im Meeting aufführen und ihre Leistungen, die normal zu ihrem Aufgabenbereich gehören, so aufblähen, als wäre das sonst was Großartiges. Ich mache auch meine Arbeit, hänge mich rein und engagiere mich, weil es selbstverständlich für mich ist, es ist doch mein Job.«

Ricarda T., 38, Logistikkauffrau

Die Zurückhaltung davor, sich und die eigenen Leistungen im Unternehmen zu präsentieren, ist mindestens genauso groß wie die Furcht, nach mehr Gehalt zu fragen. Oft werde ich erst dann von meinen Klientinnen um Rat gefragt, wenn es fast schon zu spät ist. Nämlich dann, wenn wieder einmal der – männliche – Kollege für die Beförderung auserkoren wurde. Oder wenn die Vorschläge der anderen gehört werden und auch noch gut ankommen, die eigenen Ideen aber sang- und klanglos im Dunkel der Büroschublade verschwinden. Und noch schlimmer, wenn der Kollege sich mit fremden Federn schmückt, indem er die Impulse, die in der Teeküche noch gemeinsam diskutiert wurden, im späteren Meeting als seine eigene grandiose Idee verkauft.

Häufig erlebe ich in Gesprächen mit Frauen eher eine passive Haltung des Abwartens und Beobachtens und weniger ein aktives Einfordern der eigenen Weiterentwicklung im Job. Sie erwarten tatsächlich, dass ihre gute Leistung jedem, vor allem aber dem direkten Vorgesetzten, von selbst auffällt, sodass dieser eine Beförderung oder einen Gehaltssprung doch bestimmt von sich aus vorschlägt, sollte dies infrage kommen. Bereitwillig lassen sie sich immer mehr Aufgaben aufbürden, spielen die Rolle des Fleißigen Lieschens und warten ewig auf die ersehnte Beförderung oder eine Gehaltserhöhung.

Doch passives Abwarten und Teetrinken ist hier fehl am Platz. Laut und sichtbar werden, heißt die Devise, ja, du hast richtig gelesen. Mache deine Leistungen sichtbar! Tausche dich mit Kolleginnen und Kollegen aus deiner eigenen und aus anderen Abteilungen aus, sprich darüber, an welcher interessanten Aufgabe du arbeitest. Erfahre, was die Kollegen bewegt. Suche proaktiv das Gespräch mit deiner Vorgesetzten, teile ihr mit, vor welcher Herausforderung du derzeit stehst, was du von ihr als Führungskraft brauchst, um dich weiterentwickeln zu können. Das kann, je nach Situation, personelle Unterstützung, eine Qualifizierungsmaßnahme oder geeignete technische Ausstattung in Form von Hard- oder Software sein. Sprich darüber, welche Ideen und Lösungsansätze du für das Thema, an dem du arbeitest oder das dich bewegt, entwickelt hast.

Sag »Ja« zu interessanten Aufgaben und spannenden Herausforderungen

Bevor du zu lange grübelst, nimm – sobald es interessante Aufgaben zu verteilen gibt – deinen Mut zusammen und sei bereit, dazuzulernen. Ein frisches »Ja, ich mach das!« signalisiert deiner oder deinem Vorgesetzten, dass du bereit bist, dich neuen Herausforderungen zu stellen. Über die Umsetzung kannst du dir später noch genügend Gedanken machen, dir Unterstützung holen und dir das nötige Wissen aneignen. Wenn du offen und interessiert an neue Aufgaben herangehst, wirst du die besten Lerngeschenke erhalten und neue Erkenntnisse für dich gewinnen können. Selbstredend, dass du diese Weiterentwicklung für die Vereinbarung eines Termins mit dem Fokus auf eine Gehaltsanpassung wirst nutzen können.

Schweigen im Meeting?

Keine gute Idee. Wenn du etwas Ergänzendes in der Runde beizutragen hast, dann tue es bitte auch. Das gilt für Fragen und Anmerkungen zu diskutierten Entwicklungen, Projekten und Prozessen genauso wie für deine eigenen Ideen. Ansonsten wirst du bestenfalls zum Eindruck »Wer schweigt, stimmt zu« beitragen. Adressiere dein Anliegen an die Führungskraft und nicht an deine Sitznachbarin oder deinen engsten Kollegen. Denn das ist die Falle, die tendenziell Frauen sich selbst gern stellen. Sie streben in ihrer Kommunikation eher nach Ausgleich, nach Harmonie und ziehen im Gespräch gleichrangige Personen vor. Die Soziolinguistin Deborah Tannen, die sich mit der Kommunikation von Frauen und Männern beschäftigt, benennt zwei unterschiedliche Sprachsysteme, in denen sich Frauen und Männer bewegen. Nach ihren Untersuchungen und Beobachtungen kommt sie zu dem Schluss, dass Frauen bevorzugt das →*horizontale Sprachsystem* wählen. Männer hingegen suchen in der Regel Orientierung, gleichen ihre Position untereinander im hierarchischen Gefüge ab, weshalb ihre Kommunikation, von außen betrachtet, schnell nach einer Auseinandersetzung aussehen kann. Sie nutzen das →*vertikale Sprachsystem,* das sich stark an Hierarchieebenen orientiert. Außerdem passen sich Frauen tendenziell dem Stil und inhaltlich den Themen der männlichen Kommunikationspartner an, sobald sie sich in gemischten Teams bewegen. Damit verstärken sie die Annahme, dass der männliche Kommunikationsstil normal, ihre eigene Sprachkultur jedoch dessen Abweichung sei.[51] So wird eine nachhaltige Kulturveränderung in der Kommunikation und damit in Organisationen verhindert. Ob das erklärt, warum Frauen weltweit immer noch unterrepräsentiert in Führungspositionen sind?

Eine gedankliche Stolperfalle

Stelle dir folgende Situation vor: Die einberufene Besprechung ist im vollen Gang und die gesprächsführende Person, ein Mann, gestikuliert mit Nachdruck, um seine Punkte noch wirkungsvoller zu untermauern. Plötzlich reißt er seine Kaffeetasse um, der Inhalt ergießt sich über den Konferenztisch. Schnell ziehen die Sitznachbarn ihre Unterlagen und Schreibutensilien beiseite. Du bist eine von ihnen, also auch Sitznachbarin, was tust du?

a. Springst du sofort auf, rennst zur Teeküche, schnappst dir ein Wischtuch und sorgst für Reinheit auf dem Tisch? Weil es dir deine gute Kinderstube und deine Manieren so suggerieren?

b. Oder schaust du, ob du zufälligerweise Papiertaschentücher zur Hand hast, und wenn ja, bietest du diese an?

c. Oder wartest du einfach ab, da deine Unterlagen nichts abbekommen haben? Im Grunde kann es weitergehen, der Verursacher wird sich schon selbst darum kümmern, selbst ist der Mann, nicht wahr?

Wenn deine Hände zucken und du gedanklich schon am Tischwischen bist, bedenke, dass du mit deinem Verhalten eine deutliche Sprache sprichst. Du degradierst dich in diesem Kontext unbewusst zur persönlichen Assistentin des Verursachers. Und genauso wirst du in den Augen der anderen Kollegen dann auch wahrgenommen. Es ist zu Recht nicht trivial, sich hierzu einmal Gedanken zu machen. Auf der einen Seite spricht hier die innere Stimme unseres guten Benehmens, unserer Aufmerksamkeit, laut und deutlich zu uns. Wir fühlen uns fast schon dazu gezwungen, für Abhilfe zu sorgen. Auf der anderen Seite wollen wir als Kollegin mit unserer Fachkompetenz wahr- und ernst genommen werden. Gleichzeitig wollen wir aber nicht teilnahmslos wirken. Was ist also die richtige Lösung, a), b) oder c)?

Eine Teilnehmerin in einem meiner Sprache-und-Körpersprache-Seminare sagte mir, dass sie sich bei diesem Beispiel tatsächlich ertappt fühlte und im ersten Moment zur Antwort a) tendierte. Hast du eine Lösung für dich gefunden? Wie sind deine Erfahrungen in solchen oder ähnlichen Situationen? Schreib mir dazu gern.

Die eigene Leistung und Weiterentwicklung visualisieren

Dir die eigene Leistung und Weiterentwicklung vor Augen zu führen, hilft dir, ein Verständnis für dein Wirken aufzubauen und somit deine PR-Kampagne in eigener Sache voranzutreiben. Vielleicht legst du dir eine Leistungsmappe oder ein Erfolgsjournal zu. Mittlerweile findest du eine Fülle an Erfolgsjournalen mit aufbereiteter Struktur und Fragestellungen im Handel, die dir eine erste gute Grundlage liefern können. Wenn du lieber frei und ohne Schablonen oder vorgegebenen Rahmen arbeitest, dann lasse deiner Kreativität freien Lauf und gestalte dein persönliches Erfolgstagebuch.

Wähle das Format, das am besten zu dir passt, sei es eine elektronische Datei, das haptische Buch oder die Collage als Bild an der Wand. Vielleicht bietet sich sogar das Whiteboard oder die Pinnwand in deinem Büro dazu an. Hier machst du deine Projekte und Ergebnisse sichtbar, weckst Interesse und bietest deinen Kolleginnen gleichzeitig einen guten Gesprächsaufhänger, wenn sie nächstes Mal bei dir im Büro vorbeischauen. Wenn du elektronische Dateien bevorzugst, wirst du das für dich passende Dateiformat oder Programm finden, mithilfe dessen du deine Erfolge, aber auch deine Misserfolge dokumentierst. Übrigens schätze ich das Arbeiten mit dem Mindmapping, mit der Gedankenlandkarte sehr, um mich auf diese Weise ganzheitlich neuen Themengebieten oder Aufgaben zu nähern, um zu planen oder auch für Mitschriften. Kombiniert mit Visualisierungstechniken entstehen richtige kleine Kunstwerke, mit denen ich meine Bürowand zu Hause regelmäßig von oben bis unten zuhänge.

Probiere das Pflegen eines Erfolgsjournals eine Zeit lang aus, indem du dir dafür eine Viertel- bis halbe Stunde Zeit in deiner täglichen Arbeitsroutine blockst. Im Übrigen halte ich das für wertvolle Arbeitszeit, denn das Niederschreiben von Gedanken kann ganz neue Ideen und Lösungsansätze für festgefahrene Aufgaben oder Fragestellungen ans Licht befördern. Gleichzeitig wirst du feststellen, dass vieles, an das du dich nach drei oder sechs Monaten vielleicht gar nicht mehr erinnerst, in deinem Erfolgsjournal dokumentiert ist und somit für dich und bei Bedarf für andere sichtbar wird. Somit hast du für deine nächsten Entwicklungsgespräche eine gute Argumentationsgrundlage, denn auch für deine Vorgesetzten gehen im Alltagsgeschehen viele Dinge unter.

Wenn du dich vertiefend mit deiner Lernkurve und deinen Fortschritten auseinandersetzen möchtest, habe ich eine passende Übung für dich.

Nimm dir ein leeres Blatt Papier oder ein Notizbuch zur Hand und schreibe deine Gedanken und Antworten zu den nachfolgenden Fragen auf. Versetze dich dazu gedanklich zurück an genau diesen Tag vor drei oder fünf Jahren, spüre in dich hinein, vielleicht schließt du für einen Moment auch deine Augen. Versuche, die Situation nur zu beschreiben, ohne sie zu bewerten:

- In welcher Situation habe ich mich genau an diesem Tag, vor drei oder fünf Jahren, befunden?
- Was hat mich zu diesem Zeitpunkt bewegt?
- Was war die größte Herausforderung, vor der ich damals stand?
- Was habe ich mir damals für meine berufliche Entwicklung gewünscht?

Und zurückblickend, von heute aus betrachtet, kannst du dir im nächsten Schritt Folgendes beantworten:
- Welche Hindernisse galt es zu überwinden?
- Wie habe ich die damaligen Herausforderungen bewältigt?
- Was fiel mir besonders leicht?
- Was fiel mir besonders schwer?
- Was habe ich daraus gelernt?

Diese Übung kannst du immer wieder und für verschiedene Zeiträume machen, es müssen nicht gleich drei oder fünf Jahre sein, manchmal reicht auch ein Blick zurück auf die vergangenen sechs Monate, um wichtige Entwicklungsschritte nachvollziehen zu können. Deine Antworten werden dir wertvolle Erkenntnisse darüber liefern, wie du mit Herausforderungen oder Schwierigkeiten umgehst oder bislang umgegangen bist. Daraus kannst du Eigenschaften und Stärken ableiten, die dich ausmachen. Wir sprechen hier von →*Ressourcen*, die dir auch künftig in ähnlichen Situationen zur Verfügung stehen und die du nutzen, regelrecht anzapfen kannst, sobald du dir ihrer einmal bewusst geworden bist. Im beruflichen Alltag zehrst du möglicherweise unbewusst davon, ohne dir über den Wert oder Nutzen im Klaren zu sein. Im Zusammenhang mit der Beschäftigung mit dem eigenen Marktwert (siehe Kapitel 4 **Der eigene Marktwert – was ist das eigentlich?**) kannst du für dich eine ganz neue Sichtweise auf deine Leistung und deinen Mehrwert im Unternehmen gewinnen und dich entsprechend positionieren und stark machen.

Mut zur eigenen Position

Im Bewusstsein deines Fortschrittes wird es dir leichter fallen, eigene, gute Ideen oder Thesen abzuleiten und zu vertreten. Sei dir hierbei jedoch bewusst, dass du dich angreifbar machst, sobald du beginnst, Fragen zu stellen, eigenständig zu denken und den festgelegten Rahmen zu verlassen. Stellst du dich neuen Aufgaben und Herausforderungen und bringst eigene Ideen ein, kann das innerhalb deines Teams oder deiner Abteilung zu Neid, Missgunst und Konflikten führen. Warum? Es kann Mitmenschen geben, die dir deinen Erfolg nicht gönnen, weil sie entweder selbst keine kreativen Lösungen entwickeln und unsicher sind oder nur halb so viel Engagement an den Tag legen wie du. Was auch immer hinter dem Verhalten der anderen steckt, bleibe stark in deiner Position. Rechne mit Gegenwind, dann bist du vorbereitet. Von einem zarten Lüftchen bis zu orkanartigen Sturmböen ist vieles möglich. Das können unqualifizierte Bemerkungen, unnötige Diskussionen und ausgrenzendes Verhalten sein. Die Kolleginnen oder Kollegen laden dich nicht mehr zum wöchentlichen After-Work-Abend ein, meiden dich in der Teeküche und geben dir das Gefühl, Konkurrenz zu sein. Sobald du dich aus deiner Komfortzone bewegst, wirst du Auseinandersetzungen haben, die dich im ersten Moment zurückzuwerfen drohen, dich im nächsten Schritt jedoch reifen und dich stärker werden lassen. Es kann dir helfen, dir darüber im Klaren zu sein, dass Änderungen in einem System im ersten Moment immer für Unruhe sorgen, einfach weil der Mensch ein Gewohnheitstier ist und alles, was neu und anders ist, zunächst einmal als große Unbekannte wahrnimmt. Und das gilt im Großen wie im Kleinen. Also auch bei dir in deinem Wirkungsbereich stellt es eine Veränderung für dein Team dar, wenn du plötzlich diejenige bist, die mit tollen neuen Ideen aufwartet, dafür wertgeschätzt wird und durch die Übernahme interessanter Projekte und Aufgaben glänzt. Nachher wirst du auch noch befördert, wo kommen wir denn da hin?

Versuche dir in Momenten der Unsicherheit oder des Zweifelns vor Augen zu führen, dass es dein Weg ist, den du gehen willst. Du betrittst mit oder durch deine Weiterentwicklung ebenfalls neues Terrain. Doch du hast es deinem Mut, deiner Leistung und dir als Persönlichkeit zu verdanken, dass du weitergehen darfst und kannst. Erlaube dir, die Haltung einzunehmen, dass es in Ordnung ist ...

- Thesen und Ideen zu vertreten,
- eine klare Position einzunehmen,
- diese Position hin und wieder verteidigen zu müssen,
- Auseinandersetzungen auszuhalten,
- Kritik anzunehmen und
- Grenzen zu setzen.

Je sichtbarer, desto lauter

Für deine Sichtbarkeit kannst du sehr gut die einschlägigen beruflichen Netzwerke oder Karriereportale nutzen. Nicht nur die eigenen Kolleginnen oder Kollegen können sich auf diesem Weg ein (genaues) Bild von dir machen, auch Menschen aus anderen Organisationen oder potenzielle Auftraggeber werden dadurch auf dich aufmerksam. Teile interessante Artikel aus deiner Branche. Kommentiere andere Beiträge dort, wo es passt, und mache durch Inhalte auf dich aufmerksam. Schreibe kurze Artikel zu Themen oder Fragestellungen, die dich bewegen, oder beschreibe Erkenntnisse, die du aus vergangenen, herausfordernden Situationen gewonnen hast. Schärfe deine (Unternehmerinnen-)Persönlichkeit, dein Profil. Ein gut gepflegtes, aktuelles und interessantes Profil bietet dir auf deinem beruflichen Weg eine gute Unterstützung, wenn es um neue Kontakte, Netzwerkaufbau oder den nächsten Job geht. Im Fall deiner beruflichen Neuorientierung kannst du dein Profil auch dazu nutzen, darauf hinzuweisen, dass du offen für Jobangebote bist oder nach einer neuen Herausforderung suchst. Zudem platzieren Unternehmen zunehmend ihre Stellenausschreibungen neben den einschlägigen Jobportalen auch im Bereich von Social Media. Somit ermöglichen sie einen unkomplizierten Kennenlern- und Bewerbungsprozess: Manchmal reicht es, das eigene Profil zu verlinken.

Netzwerken – es ist nie zu spät

Du als Einzelkämpferin? Egal was du vorhast und wie deine berufliche Laufbahn sich gestaltet: Du bist nicht allein. Du hast immer andere Menschen um dich. Betrachte sie als (d)ein Team. Dieses Team oder System nimmt dich zunächst als Berufseinsteigerin auf. Im Zuge der Zusammenarbeit wirst du geformt, herausgefordert und gefördert. Und irgendwann geht es weiter. Vielleicht übernimmst du die Verantwortung für ein eigenes Team.

Ein gutes Netzwerk kann auf deinem Weg Unterstützung sein. Fange schon frühzeitig damit an, dir Netzwerke aufzubauen, sowohl innerhalb deiner Organisation als auch außerhalb. Dazu ist es nie zu spät. Manchmal höre ich: »Ich habe nie gelernt zu netzwerken, weil ich dachte, es kommt ausschließlich auf meine Fachkompetenz und meine Leistung an.« Oder: »Ich habe einfach keine Zeit oder Lust zum Netzwerken.« Dazu halten meiner Erfahrung nach viele Menschen noch an einem verstaubten Bild von elitären Zusammenkünften fest, bei denen man unter sich ist, sich gegenseitig Geschäfte zuschiebt und Neulingen kaum Zugang gewährt. Netzwerktreffen haben dadurch den faden Beigeschmack von verkrampften

Veranstaltungen, zu denen man sich hinschleppt, weil man muss. Sich am Begrüßungsgetränk festhaltend werden die anderen Teilnehmenden taxiert und die Hoffnung, vielleicht noch irgendeinen vernünftigen Kontakt zu bekommen, mit dem hastig die Visitenkarte nach einem abgerungenen Gespräch getauscht werden kann, wechselt in Verzweiflung, je näher sich die Veranstaltung ihrem ersehnten Ende nähert. So schlimm mag es vielleicht noch in der ein oder anderen Vorstellung sein.

In Wirklichkeit kommt es doch immer auf die Menschen an, auf die individuelle Begegnung. Die Art des Netzwerks, die thematische Ausrichtung und die Initiatorinnen spielen eine entscheidende Rolle. Und ein gutes, tragendes Netzwerk lebt sowohl von den Initiatoren als auch von dem Teil, den die Mitglieder durch ihre Interaktion beitragen. Schau dich in verschiedenen Netzwerken um, in reinen Frauennetzwerken genauso wie in gemischten Netzwerken. Netzwerke wachsen im beruflichen als auch im privaten oder sportlichen Umfeld. Und es kommt, wie immer, auf die handelnden Personen an. Du wirst auf Menschen treffen, mit denen du verbindende Themen findest, wo sich aus Gemeinsamkeiten und dem angenehmen Austausch weitere Kontaktmöglichkeiten ergeben.

Beim Netzwerken geht es um das Miteinander, das Verbindende, das Gemeinsame. Es geht nicht in erster Linie um deinen schnellen persönlichen Erfolg. Frage dich, was du zum Netzwerk beitragen kannst, was du inhaltlich einbringen kannst. Es geht nicht darum, sich etwas zu nehmen, sondern darum, Austausch und Ideen zu fördern. Mit dem Ziel, sich gegenseitig Unterstützung zu bieten, zu teilen und damit gemeinsam und langfristig zu wachsen. Du wirst ein Gespür dafür bekommen, welches Netzwerk für dich das richtige ist und mit welchen Menschen sich eine tragende geschäftliche (und darüber hinaus vielleicht auch freundschaftliche) Verbindung aufbauen lässt. Und genauso gut wirst du Netzwerke oder Gruppen kennenlernen, in denen oder mit denen du nicht weiterwachsen wirst. Hier ist es dann auch in Ordnung, die Entscheidung zu treffen, sich zu trennen, weil die Erwartungen sich auf beiden Seiten aufgrund zu unterschiedlicher Werte oder Vorstellungen einfach nicht erfüllen oder erfüllt haben.

Vermeide es, deine Produkte oder Dienstleistungen penetrant jedem unter die Nase zu halten. Häufig erlebe ich Menschen, die in verschiedenen Netzwerken unterwegs sind und ihr Angebot wie in einem Bauchladen vor sich hertragen und an den Mann oder die Frau bringen wollen. Das wirkt plump, ungeschickt und führt nur dazu, sich schnell unbeliebt zu machen.

In vielen Branchen haben sich spezifische Netzwerkorganisationen oder Verbände etabliert, die offen für neue Mitglieder sind und sich über aktive Unterstützung freuen. In vielen Verbänden kannst du dich auch ehrenamtlich engagieren und dadurch in größeren Kreisen auf dich aufmerksam machen.

Was uns Frauen meiner Beobachtung und Erfahrung nach häufig noch fehlt, ist die Bereitschaft zur gegenseitigen Unterstützung und zur Bildung von Seilschaften. Ein Blick auf sozialisierte Prägungen und Muster gibt uns dazu Antworten. Auch evolutionsbiologische Faktoren spielen eine Rolle, schließlich war es der Mann, der sich zur Jagd aufmachte, auf Beutezug ging und gemeinsam im Verbund sein eigenes und damit das Überleben der Sippschaft sicherstellte. Ich möchte hier nicht Klischees bedienen oder von typisch männlichen Verhaltensweisen schreiben, sondern meine Beobachtung wiedergeben: Männer gehen gemeinsam in die Kneipe, zur Jagd oder auf den Golfplatz. Das bedeutet, sie verbinden das Angenehme mit dem Nützlichen. Hauptaugenmerk liegt auf dem gemeinsamen Hobby, dem, was verbindet. Da kommt das Geschäftliche nebenher fast von allein, weil man sich kennt, einander vertraut und weiß, wie der andere auch in Krisensituationen (zum Beispiel schlechtes Spiel) tickt.

Wenn Frauen sich lautstark über die Seilschaften in Organisationen und Unternehmen beklagen, dann frage ich mich, warum machen sie da nicht mit? Es hilft niemandem weiter, wenn wir uns beklagen, ohne etwas zu ändern. Und damit meine ich nicht, trennende Gegenbewegungen zu schaffen, nach dem Motto: »Wir Frauen gegen den Rest der Welt!«, sondern das Verbindende zu suchen. Wollen wir nicht gemeinsam Ziele erreichen, in gemischten Teams arbeiten, uns gegenseitig akzeptieren und echte Diversität schaffen? Dann hilft es, wenn wir uns einmischen, mitmischen und dorthin gehen, wo wir die Regeln anpassen oder ändern können.

Die eigenen Ziele ableiten: Aller guten Dinge sind drei!

»Dank deiner Tipps und Unterstützung habe ich einen Betrag, der einige Tausend über meinem Wunschgehalt liegt, genannt. Das wurde akzeptiert. Ohne unser Gespräch hätte ich ein viel niedrigeres Gehaltsziel genannt.«

Nikolaus L., 36, Wirtschaftsinformatiker

Wenn du dir eine Veränderung wünschst, solltest du wissen, was du verändern möchtest und wohin du willst. Nachdem du für dich Klarheit über deine Situation gewonnen hast und deinen Standpunkt kennst (ich erinnere an Kapitel 7 **Klarheit über die eigene Situation – denn Leben ist Veränderung**), geht es daran, deine konkreten Ziele abzuleiten. Für deine Gehaltsverhandlung empfiehlt es sich, drei Ziele abzuleiten. Warum? Du wirst während der Gehaltsverhandlung einen Spielraum benötigen, weil dein

Gegenüber selbstverständlich die eigene Position wahren und diese zunächst verteidigen wird, indem er oder sie versuchen wird, dich herunterzuhandeln. Wenn du dich mit verschiedenen Zielgrößen auseinandergesetzt hast, wirst du für dich einen guten Rahmen während des Verhandlungsgesprächs haben. Dieser wird dir auf der einen Seite emotional Halt geben und auf der anderen Seite dazu beitragen, dass du deinem Verhandlungspartner mehrere Möglichkeiten zur Auswahl bieten kannst.

Ob du als Berufsanfängerin dein Einstiegsgehalt oder als Berufserfahrene das Gehalt für eine neue Stelle verhandelst, spielt keine Rolle für die Ableitung deiner drei Zielgrößen. Du hast entsprechend recherchiert, dich mit deinem Marktwert und dem Arbeitgeber auseinandergesetzt und hast somit ein gutes Fundament, auf dem du jetzt aufbauen kannst.

In der Regel wird über Jahresgehälter gesprochen und verhandelt. Ob sich dein angestrebtes Jahresgehalt aus 12 oder 13 Monatsgehältern zusammensetzt, ist hier irrelevant. Wichtig ist, dass du dich mit deinen Zielen identifizieren und diese argumentativ gut untermauern kannst.

- **Ziel 1** sollte dein Maximalziel sein. Wenn deine Gehaltsrecherche dir einen groben Rahmen für deine Tätigkeit vorgibt, orientierst du dich hier an der höheren Gehaltsangabe. Zielgröße 1 markiert für dich dein Wunschgehalt.

- **Ziel 2** markiert deine »unterste Schmerzgrenze«. Es ist das Gehalt, mit dem du dich gerade noch zufriedengibst, zu dem du bereit bist, den Job anzutreten. Diese Zielgröße sollte bitte dein Geheimnis in der Verhandlung bleiben. Sie ist nur für dich selbst relevant. Selbst wenn du nach deinem Minimalziel gefragt wirst, gib diese Größe bitte nicht preis.

- Stattdessen wählst du **Ziel 3**, nämlich eine Alternativgröße, die sich zwischen deinen Zielgrößen 1 und 2 befindet. Das kann ein Gehaltsziel sein, das etwas unterhalb deines Maximalziels liegt und zusätzlich geldwerte Vorteile, Gratifikationen oder die Übernahme einer Weiterbildung beinhaltet. Es dient dir als Ausweichgröße in der Verhandlung, um deinem Arbeitgeber ein Entgegenkommen zu signalisieren. Hierzu findest du in Kapitel 5 **Das Gehalt und die geldwerten Vorteile** gute Beispiele.

In deiner Vorbereitung hast du dich mit drei Zielen, also drei verschiedenen Zahlen, auseinandergesetzt und wirst, sobald dein Verhandlungspartner ein anderes Budget für diese Stelle nennt, deine Position wahren und souverän bleiben können. Hast du nur ein Ziel vorbereitet und wird dieses vom Verhandlungspartner vom Tisch gefegt, einfach, weil er seine Rolle als Vorgesetzter ausspielt, besteht die Gefahr, dass du aus der Ruhe gerätst und nervös oder unsicher wirkst. Dem geschulten Auge deines Gegenübers verraten das die Mikrogesten, die du unbewusst ausführst. Das können kleinste körperliche Reaktionen, wie zum Beispiel ein nervöses Lächeln, Lippenkauen, Abwenden des Blickkontaktes oder das Spielen mit dem Kugelschreiber, sein.

Wenn es um eine Gehaltsanpassung im bestehenden Arbeitsverhältnis geht, kannst du dir ebenfalls drei Jahresgehälter als Zielgrößen ableiten. Diese Zahlen markieren deinen Zielkorridor, zu dem du dich entwickeln möchtest. Du kannst dein Maximalziel auf eine monatliche Größe herunterbrechen, die Differenz zu deinem bestehenden Monatsgehalt kannst du im Verhandlungsgespräch als das zu verhandelnde Äquivalent zu deiner Mehrleistung, die du bislang erbracht hast, aufs Tapet bringen. Auch in diesem Fall gilt, überprüfe das Einbeziehen möglicher geldwerter Vorteile, Weiter- oder Fortbildungen.

Jetzt hast du deine drei Zielgrößen abgeleitet. Damit hast du für dich einen Bereich definiert. Dieser Bereich wird im

Verhandlungslatein mit dem Akronym →*ZOPA* bezeichnet. Es ist der Rahmen, in dem in der Verhandlung eine mögliche Einigung erzielt werden kann. Diesen Rahmen hast du durch die drei Zielgrößen abgesteckt und somit das Spielfeld, die →*ZOPA*, definiert. Damit kannst du in der Verhandlung auf Gegenargumente reagieren und bewegst dich selbst mit deinem Minimalziel, dem Ziel 2, immer noch im positiven Bereich einer möglichen, für dich akzeptablen Lösung.

Damit sind wir noch nicht bei deinem Plan B angelangt. Hierzu gleich mehr.

Was wäre, wenn nicht? Immer einen Plan B in der Tasche haben

Alternativen zu haben macht unabhängiger und unterstützt dich nicht nur in Hinblick auf deine künftigen Verhandlungssituationen. Denn nichts ist in Stein gemeißelt. Weißt du, wie dein Aufgabenspektrum in zwölf Monaten aussieht? Kannst du die Frage beantworten, ob deine Chefin auch in zwei Jahren noch ihre Position bekleiden wird? Weißt du sicher, ob du in drei Jahren noch bei deinem jetzigen Arbeitgeber beschäftigt bist? In Kapitel 7 **Klarheit über die eigene Situation – denn Leben ist Veränderung** sind wir darauf eingegangen, dass wir im Verlauf unserer Erwerbsbiografie verschiedene Wendepunkte erleben und Entscheidungen zu treffen haben. Von Zeit zu Zeit kannst du deine jeweilige Situation auf mögliche Alternativen überprüfen. Das hilft dir, fokussiert zu bleiben, aber auch, mögliche Ausweichlösungen in den Blick zu nehmen.

Dazu empfiehlt es sich, wenn du dir im Vorfeld Gedanken über ein Ausweichszenario, einen Plan B, machst, um nicht erst in dem Moment, in dem sich plötzlich und unerwartet Veränderungen ergeben, überstürzt oder panisch unüberlegte Entscheidungen treffen zu müssen.

Zu deiner konkreten Ausgangslage: Mal angenommen, du hast neben einer Gehaltserhöhung, wobei ich bereits den Begriff Gehaltsanpassung vorschlug, weitere Punkte, die du verhandeln möchtest, beispielsweise:

- Weiterentwicklung und Beförderung
- zwei Tage Homeoffice pro Woche oder eine flexible Gestaltung der Arbeitszeit und des Arbeitsortes (falls das Unternehmen noch keine dauerhafte Lösung als Lehre aus der Pandemie dazu installiert hat)
- ein freier Tag pro Woche beziehungsweise eine 4-Tage-Woche bei gleichem Gehalt
- eine arbeitgeberfinanzierte betriebliche Altersversorgung

Zu deinem Gehaltsziel hast du bereits, wie im vorherigen Abschnitt beschrieben, dein Minimal-, Maximal- und Alternativziel abgeleitet. Damit hast du den Bereich der möglichen Einigung in der Verhandlungssituation erweitert. Du hast ein Spielfeld geschaffen, innerhalb dessen eine für dich angemessene Lösung angesiedelt ist.

Und unter dieses Spielfeld baust du dir jetzt mit einem Plan B gedanklich ein Fundament, das dir Stabilität verleiht. In der Verhandlungstechnik sprechen wir von der →BATNA. Diese Größe markiert den Bereich oder die Größenordnung, die für dich die bestmögliche Alternative zu einem verhandelten Ergebnis darstellt.

Falls du noch keine Alternative, beispielsweise die Aussicht auf einen anderen Job mit einem interessanteren Aufgabengebiet oder besseren Entwicklungsperspektiven, hast, kannst du deinen Plan B entwickeln. Dazu gehst du gedanklich von deinem momentanen Standpunkt aus und beginnst, dich fundierter mit diesem auseinanderzusetzen. Dazu beziehst du auch die weiteren Punkte mit ein, die du neben deinem Gehalt verhandeln willst.

💡 Indem du die Fragestellung »Was wäre, wenn?« zur negativen Frage »Was wäre, wenn nicht?« umformulierst, kannst du folgende Überlegungen anstellen:

- Was wäre, wenn ich in der Verhandlung **nicht** mein Gehaltsziel durchsetzen kann?
- Was wäre, wenn ich beim Verhandlungspartner **nicht** weiterkomme und auf Granit beiße?
- Was wäre, wenn ich **nicht** ein oder zwei Tage im Homeoffice arbeiten darf?
- Was wäre, wenn ich die arbeitgeberfinanzierte Altersversorgung **nicht** erhalte?
- Was wäre, wenn ich bei der nächsten Beförderung **nicht** berücksichtigt werde?

Dadurch wird dir bewusst, an welchem Punkt du stehst, sollte deine Verhandlung zu keinem von dir akzeptierten Ergebnis führen. Von hier ausgehend kannst du in einem weiteren Schritt zu den oben aufgeführten Szenarien alternative Möglichkeiten ableiten. Auf diesem Weg kannst du deine **bestmögliche** Alternative zu einem verhandelten Ergebnis, deine →*BATNA*, konkretisieren. Das kann beispielsweise folgendermaßen aussehen.

- Wenn ich mein Gehaltsziel nicht durchsetzen kann, habe ich mehrere Möglichkeiten:
  a. Ich könnte Alternativen (geldwerte Vorteile, eine vom Arbeitgeber bezahlte Fortbildung) verhandeln.
  b. Ich einige mich mit meinem Verhandlungspartner auf einen neuen Termin in drei bis sechs Monaten.
  c. Ich sehe mich gezielt nach einem neuen Job um.

d. Ich kann mir ein nebenberufliches Standbein aufbauen und realisiere meinen Wunsch nach ...

e. Ich nutze die Gelegenheit für ein Sabbatical.

f. Ich bleibe erst mal bei meinem jetzigen Arbeitgeber, bilde mich weiter und schaue mich nach anderen Möglichkeiten um.

g. Ich bin finanziell so aufgestellt, dass ich eine Arbeitslosigkeit von drei bis sechs Monaten überbrücken kann, bis ich einen passenderen Job gefunden habe.

- Wenn ich bei meinem Verhandlungspartner auf Granit beiße und die Verhandlungssituation festgefahren ist, habe ich mehrere Möglichkeiten:

  a. Ich kann vorschlagen, die Verhandlung zu vertagen, um beiden Seiten ein paar Tage Bedenkzeit für eine mögliche Lösung einzuräumen.

  b. Ich einige mich mit meinem Verhandlungspartner auf einen neuen Termin in drei bis sechs Monaten.

  c. Ich überlege mir, ob ich unter diesen Umständen weiterhin bei diesem Arbeitgeber arbeiten möchte.

- Wenn ich nicht im Homeoffice arbeiten darf, dann werde ich ...

  a. herausfinden, woher die mögliche Voreingenommenheit oder Ablehnung der Arbeit im Homeoffice kommt, oder

  b. meinem Arbeitgeber den Vorschlag machen, einen Zeitrahmen als »Probezeit im Homeoffice« zu definieren.

- Wenn ich die arbeitgeberfinanzierte Altersversorgung nicht erhalte, dann werde ich ...

  a. meinem Arbeitgeber sagen, dass ich eine bAV durch Gehaltsumwandlung machen möchte, oder

b. meinem Arbeitgeber auf der Bruttoebene ein kleines Stück entgegenkommen, wenn er im Gegenzug die bAV übernimmt (Ziel ist die arbeitgeberfinanzierte bAV, siehe dazu auch Kapitel 5 unter **Die betriebliche Altersversorgung als Bonbon in der Verhandlungssituation**).

Du siehst, dass es auch ohne konkreten Plan B in Form eines anderen Arbeitsangebotes möglich ist, in Alternativen zu denken. Fazit: Am besten ist, du hast deine →*BATNA* gedanklich im Gepäck. Falls du diese noch nicht kennst, kannst du dich jederzeit dazu entscheiden, deinen aktuellen Standpunkt unter diesem Aspekt anzuschauen und Alternativen zu entwickeln.

Bleiben wir noch einen Augenblick bei den Akronymen. Ich möchte dir noch eins vorstellen: die →*WATNA*. Ich nenne sie auch die kleine Schwester der →*BATNA*. Sie ist die schlechteste Alternative zu deinem möglichen Verhandlungsergebnis, denn das »W« in →*WATNA* steht für »worst«, während der Rest unserer Buchstabengruppe »ATNA« mit der aus →*BATNA* übereinstimmt.

Deine →*WATNA* findest du heraus, indem du gedanklich noch ein Stück tiefer unter deine Alternative in der Verhandlungssituation blickst. Stelle dir dazu vor, deine →*BATNA*, also dein schön ausgearbeiteter Plan B, kommt gar nicht zum Tragen. Entweder weil du schlicht und ergreifend noch keinen Plan B (anderes Jobangebot, nebenberufliche Selbstständigkeit, andere Entwicklung) hast oder weil dein Verhandlungspartner überhaupt keine Zugeständnisse macht. In der Verhandlungssituation geht es nicht weiter, dein Gegenüber beharrt auf seiner Position, es gibt keine Aussicht auf irgendeine Form der Einigung oder einen Kompromiss. Die Verhandlung ist an diesem Punkt für dich verloren. Eine »Lose-win-Situation«, aus deiner Perspektive betrachtet. Hier bist du an dem Moment angelangt, an dem es heißt, zu gehen, der →*Point of Walkaway*.

Dadurch, dass du dieses Gedankenspiel im Vorfeld, in der Vorbereitungsphase zu deinem Verhandlungsgespräch, durchgeführt hast, wirst du in dem echten Moment nicht aus allen Wolken fallen, denn der Boden, auf den du bildlich gesprochen aufprallst, hat an Schrecken verloren. Deine →*WATNA* wird dir Stabilität geben, denn du hast dich mit deinem Worst Case auseinandergesetzt und weißt, was bei einer verlorenen Verhandlung auf dich zukommt. Allein diese Beschäftigung und Auseinandersetzung mit deiner Lage verleiht dir Klarheit und lässt dich kraft- und machtvoller in der Gesprächssituation wirken. Warum? Aus der Psychologie und Ökonomie ist die Tendenz bekannt, dass Verluste höher gewichtet werden als Gewinne. Diese Verlustaversion führt dazu, dass Menschen sich in Entscheidungssituationen irrational verhalten. In der Verhandlungssituation kann dies dazu führen, dass du unsicherer wirst, je größer deine Angst ist, dein Verhandlungsziel nicht zu erreichen. Vielleicht hält dich genau diese Angst davor zurück, in der Verhandlung deine Forderungen klarer zu benennen und in die argumentative Auseinandersetzung zu gehen. Kennst du jedoch deinen Plan B und deine →*WATNA*, dann weißt du bereits, was auf dich zukommt, sollte es nicht so gut laufen.

💡 Um deine →*WATNA* abzuleiten, können dir folgende Überlegungen helfen:
- Mal angenommen, meine Alternativvorschläge stoßen in der Verhandlung auf taube Ohren, was tue ich?
- Vorausgesetzt, mein Plan B geht für mich nicht auf, was ist dann?
- Was wäre, wenn ich nicht so schnell einen anderen Job finde?

Du wirst mehr Souveränität in deinen Verhandlungen ausstrahlen, egal um welches Thema, welche Position es in der Verhandlung geht. Diese Vorgehensweise kannst du zur Vorbereitung für die unterschiedlichsten Verhandlungssituationen nutzen. Nicht nur, um für dich mehr Gehalt, geldwerte Vorteile oder eine Beförderung durchzusetzen. Auch im Auftrag deines Arbeitgebers kannst du in Situationen kommen, in denen du gut verhandeln musst, zum Beispiel als Einkäuferin, in Vertriebspositionen oder wenn es um das Verhandeln von Projektbudgets geht.

Grundsätzlich ist deine positive, zielgerichtete Haltung für ein gutes Verhandlungsergebnis wichtig. Das ist die Basis, auf der die ganzheitliche Vorbereitung, wie du sie in diesem Buch kennenlernst, beruht. Deshalb kannst du die Auseinandersetzung mit deiner →*BATNA* und →*WATNA* als Fundament betrachten, auf dem du in der Verhandlung dein Verhandlungsziel aufbaust. Ich möchte es »Beim Verhandeln auf doppeltem Fundament aufbauen« nennen. Im gleichlautenden Unterkapitel auf Seite 220 stelle ich dir dazu mein Bild vor, das dir gedanklich in deinen Verhandlungen helfen kann.

TEIL III:
EINSTELLUNG ÜBERPRÜFEN

9

Die eigene Einstellung zu Geld:
Bin ich es mir wert?

»In Ihren Ausführungen und Gedanken zu Geld habe ich mich komplett wiedergefunden. Auf jeden Fall nehme ich für mich mit, dass ich mich näher mit meiner Einstellung zum Geld beschäftigen sollte.«

Agnes P., 24, Doktorandin

Das liebe Geld! Du hast tagtäglich mit Geld zu tun, du nimmst Geld ein, du gibst es für Waren und Dienstleistungen aus. Und in diesem Buch befasst du dich damit, wie du dich top auf deine nächste Gehaltsverhandlung vorbereiten kannst, mit dem Ziel, mehr Geld zu verdienen. So weit, so gut. Dann wäre ja alles geklärt, oder doch nicht?

Geld ist in unserem aufgeklärten Zeitalter immer noch ein großes Tabu. »Über Geld spricht man nicht!« ist ein besonders hartnäckiger negativer Glaubenssatz, der im Zusammenhang mit Geld tief im kollektiven Gedächtnis verankert ist. Und dort scheint sich dieser Glaubenssatz richtig wohlzufühlen.

Geld ist, zunächst einmal ganz neutral betrachtet, ein allgemein akzeptiertes Zahlungsmittel und muss drei Funktionen erfüllen: als Tauschmittel, als Recheneinheit und als Wertspeicher. Das ist nützlich und hilfreich, denn Geld erleichtert den weltweiten Handel und ermöglicht den Vergleich unterschiedlicher Waren und Dienstleistungen. Darüber hinaus ist es als Wertspeicher insofern »haltbar«

und »wertbeständig«, als es dir nicht nur augenblicklich, sondern auch zu einem späteren Zeitpunkt ermöglichen soll, Waren oder Dienstleistungen zu kaufen.

Gut, wenn Geld nur Mittel zum Zweck ist, was macht es dann zum Tabuthema? Was nährt unseren negativen Glaubenssatz in unseren Köpfen? Einerseits: das Bewerten, Einordnen und Vergleichen. Bewusst oder unbewusst nehmen wir Bewertungen und Einordnungen im Zusammenhang mit Geld vor: »Ich habe zu wenig Geld«, »Er verdient viel mehr als ich«, »die oberen Zehntausend«, »Sie lässt sich doch nur aushalten!«, »die gehobene Mittelschicht«, »der Niedriglohnsektor«, »Topverdiener«, »Von diesem Lebensstandard können Normalsterbliche nur träumen«, um ein paar landläufige Beispiele zu nennen.

Auf die Frage nach unserem Gehalt zögern wir und geben nur ungern eine – ehrliche – Antwort. Für die meisten Menschen fühlt sich das unangenehm an, nicht zuletzt, weil sie durch die Zahl eine Bewertung vornehmen. Diese Bewertungen knüpfen wir fest an unsere Person. Verdient jemand mehr als wir, müssen wir demnach weniger wert sein. Und diese Bewertung findet sogar unabhängig davon statt, ob wir vergleichbare Berufe ausüben. Und so schweigen wir lieber zu diesem Punkt. Dadurch tragen wir weiter zur Tabuisierung bei.

Das Geld und ich: Eine Beziehung fürs Leben

Nun kommt noch etwas hinzu: Wir verbinden mit Geld Emotionen wie Ängste, Neid, Missgunst, aber auch Träume und Sehnsüchte.

Woher kommt das? Wir wachsen unterschiedlich auf. Demzufolge erfahren wir unterschiedliche Prägungen und werden auch im Umgang mit Geld unterschiedlich sozialisiert.

In unzähligen Beratungssituationen habe ich wiederholt die Beobachtung machen dürfen, dass sich gerade Frauen im Umgang mit Geld und Finanzen schwertun. Sie möchten das Thema am liebsten weit von sich schieben und sich gar nicht um Vermögensaufbau, Altersabsicherung und Geldanlage kümmern. Ist alles viel zu kompliziert! »Das macht mein Mann« – die Ausrede Nummer eins.

Und mit dieser Einstellung möchtest du über dein Gehalt sprechen, noch schlimmer: es verhandeln?

Wenn du Berührungsängste mit dem Thema Geld und Finanzen hast, es gedanklich auf diesen unerreichbar hohen Sockel aus Ehrfurcht und Erhabenheit stellst, dann passiert Selbiges beim Gehalt.

Du schmälerst deine Größe, deine Leistung, denn das Gehalt steht ja schon auf dem hohen Sockel. Das passiert alles unbewusst in deinem Kopf, versteht sich. Doch du strahlst die Unsicherheit, das nicht souveräne Momentum, wenn es ums Gehalt geht, aus, und das wird dein Gesprächspartner über deine Sprache und Körpersprache wahrnehmen. Er oder sie wird sich denken: »Leichtes Spiel, das wird günstig.«

Deine Einstellung zu Geld beeinflusst wichtige Entscheidungen, sie kann sogar den gesamten Verlauf deines Lebensweges und deiner Karriere beeinflussen.

Wie ist deine Beziehung zu Geld?

Kannst du dich noch an deine allererste Erfahrung mit Geld erinnern? Weißt du noch, wann das war, als du das erste Mal eine Geldmünze in der Hand hattest? Versuche einmal, daran zurückzudenken, und vielleicht kannst du dich auch daran erinnern, wie sich das angefühlt hat, damals, als du diese Münze in der Hand hattest.

Ich möchte dir von meinen ersten Erfahrungen mit Geld berichten. Ich kann mich noch gut daran erinnern, wie meine Großmutter mir mal eine Mark in die Hand drückte und sagte: »Hier hast du einen Taler, kauf dir was Schönes im Laden an der Ecke.« Ich war aufgeregt und glücklich. Und ich betrachtete die Münze in meiner Hand mit einer Mischung aus Ehrfurcht, Respekt und Freude. Der Laden an der Ecke war ein kleiner Tante-Emma-Laden wie aus dem Bilderbuch. Er befand sich am Straßenende der kleinen Straße, in der ich aufwuchs. Dort gab es Lebensmittel für den täglichen Bedarf, und ich erinnere mich noch genau an die großen, zylinderförmigen Glasgefäße, die mit bunten Bonbons und Lutschern gefüllt waren.

In dieser Zeit meiner Kindertage habe ich aber noch etwas anderes in Zusammenhang mit Geld verinnerlicht und abgespeichert: Das Geld ist nicht einfach so da, schon gar nicht fällt es vom Himmel, sondern es scheint auch einen achtsamen Umgang zu verlangen. Denn das zweite Bild, das ich abrufen kann und das so präsent ist, als sei dieser Moment gerade erst verflogen, ist der große Esstisch in unserem Wohnzimmer. Darauf liegen mehrere Briefumschläge, geordnet und mit großen Lettern beschriftet. Ich kann mich sogar noch an die Farbe dieser Briefumschläge erinnern und an die Größe: Es sind die kleinen Briefumschläge, formell: DIN C6, und sie waren graugrün eingefärbt. Sie waren beschriftet mit den Worten »Essen«, »Kleidung«, »Tanken«, »Versicherung«, »Apotheke«. Und am Tisch saß meine Mutter und sortierte ganz selbstverständlich und entspannt jeweils eine bestimmte Menge an bunten Geldscheinen in diese Briefumschläge ein.

Dieses Bild hat sich in meinen Kopf sprichwörtlich eingebrannt. Ich habe damals für mich mitgenommen, dass Geld eine Ressource ist, die verwaltet werden will. Diese Beobachtung hat sich unbewusst in meinem Kopf festgesetzt, und sie beeinflusst mich in meinem Umgang mit Geld bis heute. Darüber hinaus war Geld während meiner Kindheit kein großes Thema, weil es weder tabuisiert noch stigmatisiert wurde. Oft habe ich mitbekommen, wie sich meine Eltern über Geld unterhalten haben oder davon sprachen, dass sie zur Bank gingen, damit »es dort arbeiten« konnte. Manchmal habe ich sogar mein gespartes Taschengeld meinen Eltern mitgegeben, denn ich wollte auch, dass »es für mich arbeitet«. Erst viel später habe ich verstanden, dass Geld nicht in der Bank »arbeitet« oder dort in den Schubladen liegt und sich vermehrt. Aber wer weiß, vielleicht bin ich aufgrund dieser Ersterfahrungen und Prägungen unbewusst neugierig genug geblieben, um wirklich zu erfahren, wie Geld »arbeitet«, und bin deshalb in die Finanzbranche eingestiegen. Erst in den letzten Jahren sind mir diese Zusammenhänge tatsächlich bewusst geworden.

Warum dieser Ausflug?
Weil er wichtig ist, um zu verstehen, woher die Emotionen oder das, was wir mit Geld verbinden, kommen. Sie kommen aus unseren unterbewusst abgespeicherten Ersterfahrungen oder Erinnerungen in Verbindung mit Geld.

Die verborgenen Geld-Glaubenssätze ermitteln und auflösen

»Es hat mir wirklich etwas gebracht, und ich habe viel darüber nachgedacht. Und es arbeitet immer noch in mir.«

Anja K., 27, Malermeisterin

Wenn du die Erinnerung an deine Ersterfahrung oder eine dich prägende Situation mit Geld abrufen kannst, was kommt dir dazu in den Sinn? Kannst du auch Gefühle dazu wahrnehmen? Vielleicht kannst du auch schon einen Glaubenssatz zu Geld ableiten?

Folgende Fragen können dir dabei helfen, dich zu erinnern:
- Wann bin ich das erste Mal mit Geld in Berührung gekommen?
- Was war das für eine Situation?
- Wie hat sich das für mich angefühlt?
- Wie wurde in meiner Kindheitsfamilie mit Geld umgegangen?
- War es ein Tabu oder wurde offen darüber gesprochen?
- Wurde es als Mangel oder als Ressource verstanden?

Mal angenommen, du hast eine negative Ersterfahrung mit Geld gemacht, und diese hat dich in deinem Umgang mit Geld geprägt, sodass du »Geld ist nie genug da« und »Darüber wird nie gesprochen« als Glaubenssätze in deinem Unterbewusstsein verankert hast. Dann kann es passieren, dass du im Leben immer wieder Situationen »anziehst« und in dein bewusstes Erleben holst, die dich genau das wieder wahrnehmen und damit weiterhin glauben lassen. Dein Glaubenssatz bestätigt sich für dich und erfährt dadurch eine weitere Festigung in deinem Gedankengebäude. Dieses Gedankenkonstrukt beeinflusst dein Handeln, wodurch sich über Jahre feste Handlungsmuster einschleifen.

Du kannst jetzt, da du dich mit deiner Ersterfahrung und deiner Geldbeziehung auseinandergesetzt hast, das Denkmuster in deinem Kopf zum Positiven verändern, indem du deinen negativen Glaubenssatz Schritt für Schritt umwandelst.

Ein Beispiel: Aus »Geld ist nie genug da« und »Darüber wird nie gesprochen« werden im ersten Schritt neutrale Formulierungen, indem die Negation »nie« gestrichen wird. Jetzt haben wir »Geld ist genug da« und »Darüber wird gesprochen«.

Wenn du die beiden Versionen durchliest und kurz darüber nachdenkst, wirst du nachvollziehen können, wie unterschiedlich diese Aussagen auf dich wirken. Ein lautes Lesen verstärkt diesen Eindruck. Vielleicht schließt du dazu deine Augen. Nimm dir diesen Moment und mache diese Übung mehrmals am Tag oder baue sie in deine Tages- oder Wochenroutine ein. Du wirst verblüfft sein, welche Wirkung du hiermit erzielen kannst.

Jetzt gehe noch einen Schritt weiter: Die beiden Sätze »Geld ist genug da« und »Darüber wird gesprochen« formulierst du in für dich tragende und zu deiner Situation passende Aussagen um. Das kann zum Beispiel sein:

- »Ich erlaube mir, dass Geld mir immer in ausreichender Menge zur Verfügung steht, mir zufließt (oder Ähnliches).«
- »Über Geld wird viel Gutes gesprochen.«
- »Geld ist immer für mich da, denn ich bin es wert.«
- »Geld ist eine wertvolle Ressource, mit der ich Gutes tun kann.«
- »Mit Geld können wir nützliche Entwicklungen vorantreiben.«

Wenn du eine für dich passende Aussage entwickelt hast, kannst du sie regelmäßig wiederholen. Mache sie zu deiner Affirmation. Klebe sie dir auf deinen Badspiegel, deinen Kühlschrank oder bastele eine schöne Karte als Aufsteller für deinen Schreibtisch. Je nachdem, was dir in den Sinn kommt und sich richtig und passend für dich anfühlt.

Ich bin sehr gespannt, welche Erfahrungen du mit dieser Übung machst, schreibe mir dazu, wenn du magst.

10

Die eigene Einstellung zu Autoritäten

Die Hemmung vor Autoritätspersonen

»Mein Vorgesetzter hat doch Wichtigeres zu tun, als sich mit meinem Anliegen zu beschäftigen. Ich habe argumentativ keine Chance, er nimmt mich bestimmt nicht ernst und sagt Nein, also lasse ich es lieber. Nicht dass ich mich nachher noch blamiere, wenn ich nach mehr Gehalt frage.«

Rebecca W., 33, Abteilungsleiterin in einem Mischkonzern

Vorstellungsgespräche, Gehaltsverhandlungen, der Pitch vor wichtigen Kunden, die Äußerung der eigenen Meinung, wenn der Rest im Meeting dem Chef nach dem Mund redet oder schweigt?

Was genau hemmt uns wirklich im Umgang mit Autoritäten? Hinter Aussagen wie »Ich weiß gar nicht, wie ich es ansprechen soll« oder »Kann ich einfach einen Termin mit meiner Chefin vereinbaren?« nehme ich in Gesprächen oft große Ängste wahr. Wo kommen diese her?

Das gesellschaftlich verankerte Bild

Wagen wir den Blick hinter unsere gedanklichen Kulissen, wenn es um den Aspekt der Autorität geht. Autoritätspersonen genießen allein durch ihre soziale Rolle, ihre Position, ihren Rang oder ihren Titel ein gesellschaftlich zugeschriebenes Ansehen. Auch besonderes Wissen, Kenntnisse oder Verdienste können einer Person Autorität verleihen. Dieser gesellschaftliche Konsens ist tief in unseren Köpfen, in Denkmustern verankert. Aus diesem Grund messen wir Aussagen von Menschen in »Amt und Würden« mehr Bedeutung, Tragweite und Richtigkeit zu, es wirkt die Autoritätsverzerrung (siehe Seite 243. Verstärkt wird diese Wahrnehmung durch entsprechende Kleidung. Einem Menschen in Anzug, Berufskleidung, Uniform bringen wir automatisch mehr Respekt und Vertrauen entgegen, auch wenn wir das heute als überwunden glauben. Und im Anzug verändert sich sogar das Denken.[52] Dass auch der teuerste Anzug oder das edelste Kostüm nicht vor charakterlichen Fehltritten schützt, das steht auf einem anderen Blatt. Ich bin der Überzeugung, dass die Haltung der Person entscheidend ist und nicht ihre Kleidung, um nicht zu sagen Verkleidung. Dazu mehr in Kapitel 15 **Das Gesamtpaket entscheidet.**

Der Mensch hinter der Autoritätsperson weiß auch um seine Position, seine Macht und seinen Entscheidungsspielraum. Er nimmt die gesellschaftlich von ihm erwarteten Verhaltensweisen an oder versucht es, denn auch das ist in seinem Kopf verankert. Es kommt zur Wechselwirkung zwischen der wahrgenommenen Anerkennung und einem von der Gesellschaft erwarteten, dem Rollenbild entsprechenden Verhalten.

Autoritätspersonen sind auch nur Menschen

Ich kenne und habe auch in der Zusammenarbeit Führungskräfte erlebt, die eigentlich gar keine Führungskräfte sein wollten. Doch sie sind in ihre Position hineingestolpert, weil sie herausragende Leistungen erbracht haben oder, und das trifft häufiger zu, als du denkst, zur richtigen Zeit am richtigen Ort waren. Sie haben absolut kein Talent darin, mit Menschen zusammenzuarbeiten und diese zu führen. Folglich haben sie ihre Rolle gespielt und sich bestimmte Verhaltensweisen angeeignet. Es kann dir durchaus passieren, dass du mit einer solchen Führungskraft in der Rolle deiner oder deines Vorgesetzten zusammenarbeiten wirst. Ausgeschlossen ist das nie.

Irgendwann verhandelst du mit ihr dein Gehalt. Und ihre eigene Unsicherheit könnte dazu führen, dass sie versucht, diese Unsicherheit zu überspielen, um dich in der Verhandlungsposition zu schwächen, einfach nur, damit sie stärker dasteht. Dazu könnte sie sich der Trickkiste der →*dunklen Rhetorik* und der Manipulation bedienen. Für dich nach Lektüre von Kapitel 14 **Die Psychologie des Verhandelns** kein Thema mehr.

Wie die frühe Prägung die eigene Wahrnehmung verzerrt

Nicht nur das gesellschaftlich verankerte Bild, auch die frühe Erfahrung mit Bezugspersonen aus dem eigenen Umfeld, den Eltern, Verwandten, Erzieherinnen, Lehrerinnen und Lehrern, Trainerinnen und Trainern prägen die Einstellung zu Autoritäten. Führt die eigene Wunschäußerung zu Ablehnung und Verletzung durch Ignorieren, lernt das Kind, dass es unangenehm ist, Forderungen zu stellen, Wünsche zu äußern und unterlässt das künftig. Im späteren Leben verhält sich die erwachsene Person möglicherweise zurückhaltend und hat das Gefühl, sich für die eigenen Bedürfnisse entschuldigen zu müssen. Und das kommuniziert sie über ihre Körpersprache, die sie beispielsweise durch eingefallene Schultern, einen unruhigen Stand, das Vermeiden von Blickkontakt und eine schräge Kopfhaltung unsicher wirken lässt.

Gruß aus der Vergangenheit

Sobald ihre Chefin den Raum betritt, ist es mit ihrer Konzentration vorbei und Manuela bekommt keinen Ton mehr raus. Ihr Hals fühlt sich wie zugeschnürt an, ihre Hände fangen an zu zittern und ihr Herz klopft gefühlt so laut, dass sie nur noch ein dumpfes Schlagen wahrnimmt. Sobald ihre Chefin wieder außer Sichtweite ist, kann Manuela auch vor ihrem Team wieder normal agieren. In anderen Situationen oder bei früheren Vorgesetzten und Autoritätspersonen hatte sie die Probleme nicht. In unserem Gespräch kamen wir der Ursache auf den Grund. Manuela erinnerte sich an ihre Musiklehrerin aus der sechsten Schulklasse. Ihre Lehrerin hatte anscheinend etwas gegen die Schülerin Manuela und stellte sie häufiger vor der gesamten Klasse bloß, weil sie sehr schlecht Noten lesen konnte. Sie hatte regelrecht Angst vor diesen Stunden, hatte immer gefühlt einen Kloß im Hals und ganz lautes Herzklopfen. Diese Erinnerung hatte Manuela tief in ihrem Unterbewusstsein abgespeichert. Und da ihre Chefin sie an ihre Musiklehrerin erinnerte, wie ihr nun klar wurde, traten dieselben körperlichen Reaktionen auf. Sie projizierte diese negative Erfahrung unbewusst auf ihre jetzige Chefin. Von dem Tag an, an dem sie das für sich auflösen konnte, verschwanden die Probleme.

Vom Umgang mit der oder dem Vorgesetzten

Es tut mir leid, hier folgt kein Ausflug in die Persönlichkeitstypologie, nach dem Motto: die geläufigsten »Cheftypen« und das jeweils passende Werkzeug für den richtigen Umgang mit ihnen. Meine Erfahrung mit dem Vergleich oder der Einordnung von Menschen in Farben, zu Tieren oder Begriffen ist eher durchwachsen. Ich halte wenig von standardisierten Persönlichkeitstypen, denn sie haben meist einen allgemeinen Charakter. Es wird dir wenig helfen, wenn ich dir einen imaginären »schnellen Entscheider« oder »knallharten Verhandler« (w/m/x) vorstelle.

Erstens: Du würdest in der Gesprächssituation unbewusst deine Vorannahmen aufgrund der fiktiven Figuren auf die reale Person projizieren und krampfhaft versuchen, den Moment abzupassen, in dem du dein Werkzeug einsetzen könntest. Zweitens: Unsere Autoritätsperson hat, genauso wie du und ich, ihre guten und weniger guten Tage, was sich auf das Verhandlungsgespräch auswirken kann. Drittens: Sobald zwei Personen aufeinandertreffen, entstehen Dynamiken und Wechselwirkungen. Diese kannst du vielleicht einschätzen, je besser du deinen Gesprächspartner kennst, aber nicht hundertprozentig vorausberechnen.

Vielmehr möchte ich dich dafür sensibilisieren, dein Gegenüber in der Gesprächssituation wahrzunehmen, dich auf den Moment einzulassen und, vor allem, dir selbst zu vertrauen. Das ist mindestens die halbe Miete. Ich habe selbst oder über meine Klientinnen die Erfahrung gemacht, dass eine selbstbewusste Haltung der größte Faktor im Gespräch ist, den viel kleineren Rest erledigt die fundierte fachliche Vorbereitung.

💡 Das kannst du tun, um deine Einstellung zu Autoritäten zu ändern, mit dem Ziel, Gespräche auf Augenhöhe zu führen:
- Arbeite an deiner Haltung. Entwickele ein Selbstverständnis dafür, was dich ausmacht, was du einbringst und für deine Leistungen.
- Sieh es als gegeben, dass du immer mit Menschen zu tun haben wirst, die auch ihre eigenen Befindlichkeiten, Bedürfnisse, Sichtweisen und Werte haben.
- Versuche, den Menschen hinter der Position, dem Titel, der Rolle zu sehen.

Während meiner Zeit als Finanz- und Anlageberaterin habe ich mit den unterschiedlichsten Menschen zusammengearbeitet. Ich traf auf Menschen in hohen Positionen mit wichtigen Titeln und mit sehr viel Geld. Autoritätspersonen. Und ich traf auf Menschen mit wenig Geld und auf sehr viele Menschen irgendwo dazwischen. Die Titel, Positionen oder das Geld haben mich nicht in der Weise beeindruckt, wie es das gesellschaftlich verankerte Bild und die Unternehmen, für die ich gearbeitet habe, mir empfohlen haben. Ich habe mich nicht verstellt, weil jemand sehr viel Anerkennung qua seiner sozialen Rolle genoss, sondern ich wollte immer den Menschen dahinter erreichen. Und das ist bis heute eine meiner Maximen. Das bedeutet, ich sehe die Menschen hinter ihren Positionen. Ein guter Praxistest dazu ist, wenn du einmal nicht in deinen besten Klamotten und dann, beim nächsten Versuch, in besonders hochwertiger Garderobe zu einem Autohändler, der Premiummodelle verkauft, gehst. Beobachte und nehme wahr, wie du in welcher Aufmachung angesprochen wirst und wie mit dir umgegangen wird.

Den Menschen hinter seiner Position zu sehen, kann dir auch in deinen Verhandlungen helfen.

11

Die eigene Einstellung zur Verhandlung

Wer nicht fragt, kriegt keine Antwort

Studentin Paula: »Die männlichen Kollegen bei uns kriegen mehr Geld!« Sie arbeitete in einem Unternehmen aus der Kulturwirtschaft. Die männlichen und weiblichen Angestellten, auf die sie sich bezog, hatten damals exakt die gleichen Aufgaben.

Susan J. Moldenhauer: »Woran hast du das festgemacht oder anders gefragt: Lagen dir dazu Informationen vor?«

SP: »Ein guter Kollege hat mir das im Vertrauen erzählt. Er sagte, sie (also die männlichen Kollegen) wären als Team zur Geschäftsleitung gegangen und haben einfach nach mehr gefragt.«

SJM: »Und, wie bist du damit umgegangen?«

SP: »Na ja, wir Mädels hatten erwartet, dass alle, also wir dann auch, mehr bekommen. Das ist aber nicht passiert.«

SJM: »Und was hast du daraufhin unternommen, um die Situation zu ändern?«

SP: »Ich habe mich unwohl dabei gefühlt, fand es gleichzeitig aber albern, auch zur Geschäftsleitung zu gehen und nach mehr zu fragen.«

Ohne Verhandlung keine Entscheidung

Es heißt, an jedem einzelnen Tag treffen wir bis zu zwanzigtausend Entscheidungen. Die meisten davon treffen wir unbewusst, einige aber auch bewusst, nach Abwägen von Konsequenzen und Alternativen.

Wie das genau abläuft, erfährst du in Kapitel 14 unter **Unser Denken macht es möglich: Tricks, Kniffe und Manipulation.**

Jeder dieser bewussten Entscheidungen geht eine Verhandlung voraus. Denn nichts anderes ist das Abwägen und bewusste gedankliche Durchspielen der verschiedenen Möglichkeiten. Wir verhandeln jeden Tag in den unterschiedlichsten Situationen und zu verschiedensten Themen.

Sobald du Überlegungen anstellst und dir Gedanken zu Problemen oder Aufgaben machst, nimmst du in deinem Inneren unterschiedliche Impulse wahr, bevor du deine Entscheidung triffst. Aus dem »Zwei Seelen wohnen, ach! in meiner Brust«, das das tragische Dilemma, in dem sich Goethes melancholischer Doktor Faust befindet, beschreibt, kann sich eine größere innere Gruppendynamik entwickeln. Diese Erkenntnis lies den Psychologen Friedemann Schulz von Thun seine Metapher vom →*inneren Team* zur Beschreibung der Persönlichkeit mit ihren unterschiedlichen Persönlichkeitsanteilen oder inneren Stimmen entwickeln. Demnach findet eine gute, weil stimmige Kommunikation nur in Übereinstimmung beziehungsweise Klarheit mit sich selbst und der äußeren Situation statt. Im Klartext: Du verhandelst, noch bevor du überhaupt mit anderen Menschen in Verhandlungen trittst, bereits erfolgreich mit dir selbst, mit den Teammitgliedern deines →*inneren Teams,* wenn du eine Entscheidung triffst.

Und das erfolgt an jedem neuen Tag mit relativ trivialen Entscheidungen: Wann stehe ich auf? Was ziehe ich an? Was frühstücke ich? Später verhandelst du mit Kolleginnen und Kollegen die Aufgabenverteilung für den Tag. Du verhandelst mit deinem Lebenspartner oder deiner Familie über Unternehmungen, wohin es in den Urlaub geht, welche Besorgungen gemacht werden müssen und so weiter. Wenn du Kinder hast, dann verhandelst du mit ihnen oder sie mit dir, ob die Tüte Gummibärchen es in den Einkaufswagen schafft oder nicht. Und wenn du einmal ehrlich zu dir bist, dann bist du doch ganz gut im Verhandeln, oder?

Mit dieser, vielleicht neuen, Erkenntnis kannst du die Gehalts-verhandlung betrachten. Ich bin mir sicher, dass sie unter diesem Aspekt ihren Schrecken verliert.

Die Verhandlung gedanklich von ihrem Thron stoßen

Mit ein paar einfachen Überlegungen kannst du die Selbst-zweiflerin in dir davon überzeugen, dass ihr in der Gehaltsverhand-lung ganz gut abschneiden werdet:

- Betrachte das zu verhandelnde Thema losgelöst von dir als Person.
- Bleibe bei der Sache und stelle dir eine Waage vor, die ins Gleich-gewicht gebracht werden soll: auf einer Seite der Wert der ein-gebrachten Arbeitsleistung (durch die von dir bereitgestellte Kom-petenz) und auf der anderen Seite die Bezahlung dafür.
- Stelle dir vor, dass du für eine gute Freundin das Honorar oder Gehalt verhandelst oder nimm an, dass du als Agentin deiner Klientin beauftragt worden bist, den Job zu verhandeln. Mit die-ser Haltung schlüpfst du von der Rolle der Bittstellerin in die Rolle der ernst zu nehmenden Gesprächs- beziehungsweise Ver-handlungspartnerin auf Augenhöhe.

TEIL IV:
HALTUNG HABEN

12

Beim Bewerben den richtigen Ton treffen

Die Gehaltsvorstellung im Bewerbungsanschreiben

Während die verschiedenen Stimmen aus dem Personalwesen zur Frage, ob der Gehaltswunsch im Bewerbungsschreiben angegeben werden muss oder nicht, nahezu einstimmig bejahen, halte ich es wie die Juristen: Es kommt darauf an.

Es kommt auf den Bewerbungsprozess und darauf an, wie der Kontakt zum Zielarbeitgeber zustande gekommen ist. Es spielt eine Rolle, ob du bereits Kontakt zu Personen aus dem Unternehmen hast. Vielleicht konntest du bereits auf einer Karrieremesse Kontakte knüpfen, auf dich aufmerksam machen, und nun geht es nur noch um die Terminabsprache zum Vorstellungsgespräch. Vielleicht kommst du auch über eine persönliche Empfehlung zu der Gelegenheit, beim Unternehmen vorstellig zu werden. Und dann kommt es ganz auf dich als Persönlichkeit an. Traust du dir zu, bei der Bewerbung aus dem Rahmen zu fallen, etwas anders zu machen als die vielen anderen? Vielleicht gelingt es dir, mit deiner Bewerbung das Interesse für dich als Persönlichkeit mit deiner herausragenden Expertise zu wecken, sodass das Detail der Gehaltsangabe gar keine Rolle spielt.

Traust du dir zu, bei der Bewerbung bewusst andere Wege zu gehen?

Persönlich beim Unternehmen vorsprechen? Eine eigene Kampagne in beruflichen Netzwerken initiieren, in der du dich als Expertin vorstellst und um die sich mögliche Arbeitgeber bemühen dürfen?

Es gibt schon lange nicht mehr den einen, den klassischen Bewerbungsprozess. Viele Unternehmen suchen händeringend nach Fachkräften, auch die Anzahl der unbesetzten Ausbildungsstellen nimmt seit Jahren zu.[53] Da werden die Unternehmen selbst zu Bewerbern um die besten Köpfe. Bewerbung kann heute via Messengerdienst, auf der Karrieremesse oder per Direktkontakt in Social Media stattfinden. Vieles ist möglich. Umso wichtiger ist es für dich, genau zu wissen, was deine Arbeitskraft wert ist, und eine entsprechende Vergütung einzufordern.

Demzufolge ist meine Antwort auf die Frage, ob der eigene Gehaltswunsch im Bewerbungsanschreiben angegeben werden sollte, ganz klar unklar: Es gibt meiner Erfahrung nach kein Richtig und kein Falsch in diesem Punkt. Selbstredend, dass eine gute Bewerbung formale Kriterien erfüllen muss, wie die korrekte Rechtschreibung, die Angabe der vollständigen Kontaktdaten und ein wahrheitsgetreuer Lebenslauf. »Das ist doch klar«, höre ich dich laut denken. Sicher, doch ich habe etliche Bewerbungen gelesen, die diese grundlegenden Voraussetzungen nicht erfüllt haben, und zwar unabhängig von Qualifikation und Position. Dass du deine Bewerbung individuell auf das Zielunternehmen abstimmst und sie gegebenenfalls grafisch aufarbeitest, ohne dabei vom Wesentlichen abzulenken, sollte klar sein.

Wechsle die Perspektive

Versetz dich doch mal in die Lage der Personalverantwortlichen des Unternehmens. Was möchtest du in dieser Rolle über die Bewerberin erfahren? Zunächst einmal interessiert dich bestimmt Folgendes:

- Wer ist diese Person?
- Was sind ihre einschlägigen Kenntnisse und Erfahrungen?
- Warum will sie diesen Job?
- Warum sollte die Firma diese Bewerberin einstellen?

Und dann, einmal über die grundlegenden Fragen hinausgehend: Wie soll eine Bewerbung aussehen, damit sie dich begeistert? Was hebt in deinen Augen eine Bewerbung von anderen ab? Was würde dich ganz besonders an einer Bewerberin interessieren, mal abgesehen von den üblichen Fakten?

Erinnerst du dich an unseren Leuchtturm aus Kapitel 4 **Der eigene Marktwert – was ist das eigentlich?** Sobald du dir deines Marktwertes und dessen, wofür du stehst und was dich ausmacht, bewusst geworden bist, wird es dir leichter fallen, deine Bewerbung so aufzusetzen, dass die Strahlkraft ihrer Gesamtaussage Interesse weckt. Aus deinen Unterlagen sollte Authentizität, Integrität und Verbindlichkeit sprechen, ohne dass beim Lesen der fade Beigeschmack des Einheitsbreis aus der Schublade der Musterbewerbungen aufkommt.

Die Frage nach der Gehaltsvorstellung

Die Aufforderung aus der Stellenanzeige »Bitte richten Sie Ihre aussagekräftigen Bewerbungsunterlagen unter Angabe Ihrer Gehaltsvorstellung an ...« solltest du nicht ignorieren. Denn auch ohne eine konkrete Gehaltsangabe zu machen, kannst du signalisieren, dass du diese Aufforderung wahrgenommen hast. Überlege dir dazu eine passende Formulierung, die du in dein Anschreiben aufnimmst. Diese Formulierung sollte deine Haltung wiedergeben, zu der du nach ein paar Überlegungen selbst gelangt bist.

Dazu kannst du in zwei Schritten vorgehen. Im ersten Schritt kannst du dich mit deinen Gehaltszielen beschäftigen, wie in Kapitel 8 unter **Die eigenen Ziele ableiten: Aller guten Dinge sind drei!** beschrieben. Du wirst sehen, dass die Frage nach deiner Gehaltsvorstellung danach ihren Schrecken verloren haben wird. Denn du hast Gehälter recherchiert, dich mit deinem Marktwert auseinandergesetzt, deine Ziele definiert und dir Gedanken zu deinem

Plan B und mehr gemacht, wie in **Was wäre, wenn nicht? Immer einen Plan B in der Tasche haben** (Kapitel 8) aufgeführt.

Im zweiten Schritt geht es darum, das Selbstverständnis zu entwickeln, dass der Punkt Gehalt genauso wie andere Details, die die Arbeitsstelle betreffen, im persönlichen Gespräch geklärt werden kann. Entweder du wirst aufgrund der Gesamtaussage deiner Bewerbung eingeladen oder nicht. Aber nicht weil du beim Gehälterraten einen goldenen Treffer gelandet hast. Wichtig ist, dass du klar hinter deiner Aussage stehen kannst und sie deinem Selbstverständnis entspricht. Das werden professionelle Personalverantwortliche nämlich aus deiner Bewerbung herauslesen.

Beschäftige dich dazu mit den folgenden Aussagesätzen:

- Meinen Gehaltswunsch möchte ich im persönlichen Gespräch nennen.
- Details wie das Gehaltspaket gehören für mich ins Bewerbungsgespräch.
- Meine Gehaltsvorstellung bewegt sich im branchenüblichen Rahmen.
- Mir liegen Angebote im branchenüblichen Bereich vor.
- Darauf kann ich im persönlichen Gespräch sicher näher eingehen.

Bitte leite daraus Formulierungen ab, die zu dir passen und deine Persönlichkeit widerspiegeln. Es wird dir nicht helfen, einen dieser Beispielsätze in dein Anschreiben hineinzukopieren, wenn er stilistisch überhaupt nicht zu deinem Ausdruck passt, das wird auffliegen. Genauso wenig halte ich aus Erfahrung heraus von einem Bewerbungsservice, der dir anbietet, »die perfekte Bewerbung« für dich zu schreiben. Im Rahmen einer Karriereberatung ist Unterstützung beim Bewerbungsprozess okay, doch für deine Bewerbung solltest du dir Zeit nehmen, diese als deine persönliche Visitenkarte verstehen und sie auch selbst erstellen.

Ich habe das Weglassen der Gehaltsangabe im Bewerbungsschreiben getestet. Denn was ich meinen Klientinnen mitgebe, probiere ich auch selbst aus. Und ich wurde mit beiden Varianten zu Vorstellungsgesprächen eingeladen, sowohl mit Gehaltsvorstellung als auch ohne diese Angabe im Bewerbungsanschreiben. Manchmal habe ich eine Formulierung nach der oben aufgeführten Vorgehensweise gewählt, manchmal bin ich auf den Punkt der Gehaltsangabe überhaupt nicht eingegangen. Die Rückmeldungen auf meine Unterlagen waren durchweg positiv, und ich hatte nicht den Eindruck, dass die fehlende Angabe der Gehaltsvorstellung überhaupt ein Kriterium war. Vielmehr ging es um die als überzeugend wahrgenommene Aussagekraft der Bewerbungsunterlagen, was mir entsprechend zurückgemeldet wurde.

»Und bei der Onlinebewerbung? Da gibt es ein Feld, in das ich nur Zahlen eintragen kann.«

Jonas O., 23, Bürokaufmann

Bei der Onlinebewerbung kommst du tatsächlich oft gar nicht darum herum, deine Gehaltsvorstellung anzugeben. Die Onlineformulare, die die Arbeitgeber auf ihren eigenen Seiten zur Verfügung stellen oder die auf Jobplattformen auf Vervollständigung warten, verlangen oft eine numerische Angabe in einem extra programmierten Feld im Formular. Ohne diese Angabe kommst du beim Ausfüllen nicht weiter. Trau dich, hier dein Maximalziel einzutragen. Auch wenn dich der nachfolgende Fall verblüffen wird, der mir zu Ohren gekommen ist. Demnach hat eine Bewerberin einfach

»00000« in das Feld eingegeben und wurde als Einzige zum Vorstellungsgespräch eingeladen, wie sie später erfahren hat. Das ist tatsächlich schon etliche Jahre her, und ich bin mir sicher, dass die Eingabemasken bei Onlinebewerbungen so etwas inzwischen nicht mehr zulassen, obwohl ... – probiere es aus: Versuch macht klug, wie es so schön heißt.

Wichtiger als die auf den Euro genau geschätzte Gehaltsangabe ist hier, dass du insgesamt ein stimmiges Onlinebewerbungsprofil abgibst. Dazu kannst du eine treffende Kampagne für dich mit zwei bis drei kurzen und prägnanten Sätzen entwickeln. Diese platzierst du im Bereich »Weitere Bemerkungen oder Angaben« oder wenn es einen Platzhalter für eine freie Texteingabe gibt. Sorge dafür, dass du die richtigen Schlüsselbegriffe nennst, die für die ausgeschriebene Position wichtig sind. Führe neben den wichtigsten beruflichen Stationen die genauen Tätigkeiten, Herausforderungen und Erkenntnisse, die du für dich abgeleitet hast, auf.

Checkliste Bewerbung

Leider kein Geheimrezept, aber immerhin eine grobe Anleitung. Eine Vorhersage, was bei wem wie ankommt, vermag ich nicht zu treffen.

Zutaten

Anschreiben, Lebenslauf, evtl. dritte Seite oder Motivationsschreiben, Anlagen (Zeugnisse, Zertifikate).

Layout

- Nicht zu verspielt, abhängig von der ausgeschriebenen Stelle, vom Unternehmen und von deiner Persönlichkeit.

- Gut lesbare, serifenlose, nicht verspielte oder zu avantgardistische Schrift, zum Beispiel die Klassiker wie: Arial, Calibri, 10 bis 12 Punkt, Zeilenabstand 1- bis 1,5-fach

Foto: ja oder nein?

Seit Inkrafttreten des →*Allgemeinen Gleichbehandlungsgesetzes* (AGG) im Jahr 2006 umstritten, in Deutschland immer noch erwartet. Ein Bild wird nicht mehr explizit angefordert, manche Unternehmen appellieren dennoch an die »Professionalität von tabellarischen Lebensläufen mit Bild« oder erwarten »aussagekräftige«, »vollständige« oder »übliche« Bewerbungsunterlagen. Bewerbungen ohne Bild werden nicht abgelehnt, aber in der Bewerbungspraxis gilt unter der Hand: Bewerbungen mit Bild runden die Bewerbungsunterlagen ab.

Deutscher Lebenslauf

- Umfang: ein bis zwei DIN-A4-Seiten
- Foto (gehört in Deutschland und Österreich immer noch zur vollständigen Bewerbung; informiere dich bei Bewerbungen im übrigen Ausland bitte genau über die Regelungen im jeweiligen Land beziehungsweise im Unternehmen; in China und Japan etwa gelten Fotos auf jeden Fall als willkommen und seriös)
- Kein Foto: USA, Kanada, Großbritannien, Irland, Niederlande, Schweden, Dänemark, Australien
- Pflichtangaben: Name, Anschrift, Kontaktdaten (Telefon, E-Mail-Adresse); freiwillige persönliche Angaben: Geburtsdatum und -ort, Staatsbürgerschaft; als veraltet gilt: Familienstand, Konfession, Eltern, Geschwister
- Eigene Kinder: keine Pflichtangabe (individuell und situativ zu entscheiden)

- Der gegenchronologische Aufbau (mit der letzten Position beginnend) hat sich mittlerweile etabliert
- Übersichtlich, strukturiert, lückenlos
- Ort, Datum, Unterschrift: kein Muss, wird aber gern als abschließendes Element unter dem Lebenslauf gesehen

Englischer Lebenslauf (bei englischsprachiger Bewerbung, internationalen Unternehmen, exponierten Stellen im wissenschaftlichen oder akademischen Bereich); Tipp: Vorher bei der Personalabteilung erfragen, ob ein englischer CV gewünscht ist.

- Umfang: ein bis zwei Seiten (in den USA ist ein einseitiges Résumé üblich)
- Kein Foto
- Name, Anschrift, Kontaktdaten (keine Angaben zu Familienstand, Geburtsdatum, Staatsangehörigkeit)
- Personal Profile/Statement: kurze Vorstellung in ein bis zwei Sätzen zu deiner Persönlichkeit, Motivation, zu Kenntnissen und Erfahrungen
- Karriereziel (Objective): kurze, knappe, knackige Aussage zum Karriereziel, zur gewünschten Position und Entwicklung
- Gegenchronologischer Aufbau mit Berufserfahrung (Experience) und Ausbildung (Education)
- Fähigkeiten und Kenntnisse (Skills)
- Hobbys (Personal Activities, Interests)
- Referenzen (References): zwei bis drei Personen mit Kontaktdaten (ehemalige Arbeitgeber oder andere Personen, die etwas zu deinem Werdegang sagen können); Obacht: Diese Personen werden mitunter tatsächlich kontaktiert, vorher dazu mit ihnen abstimmen
- Ort, Unterschrift: entfällt

Hobbys

- Diese Angabe ist optional. Interessen wie Marathon, Yoga, Teamsport, Schach, Fotografie oder Engagement im Ehrenamt lassen Rückschlüsse auf die eigene Arbeitsweise und Kompetenzen im Bereich der Soft Skills zu.
- Politik oder Konfession lieber vermeiden und nur bei Bezug zur Stelle erwähnen
- Unter »Interessen« oder »Ich engagiere mich ...« ein bis zwei Interessen erwähnen
- Kurz und prägnant zusammenfassen, was genau die Beweggründe dafür sind und worin der Mehrwert für einen selbst liegt (könnte auch Mehrwert für das Unternehmen bedeuten); sagt mehr über dich aus und macht dich als Arbeitnehmerin interessanter als die übliche Aufzählung »Sport, Lesen, Reisen«

Anschreiben

- Persönliche Anrede der Ansprechpartner, im Vorfeld den Namen recherchieren
- Betreff: konkrete Stellenangabe und gegebenenfalls Referenznummer
- Keine Floskeln, wie »Hiermit bewerbe ich mich ...« oder »Ihre Stellenanzeige in YX hat mein Interesse geweckt«, es sei denn, du möchtest die Personalabteilung langweilen
- Sei kreativ: Der erste Satz sollte zum Weiterlesen einladen
- Bitte nicht den Lebenslauf wiederholen, sondern: Begeisterung zeigen; beantworte die vier Fragen (siehe oben unter **Wechsle die Perspektive**) und überlege, was du deiner besten Freundin erzählen würdest, wenn sie dich fragt, warum du dich dort bewirbst; formuliere deine Antwort um, bleibe authentisch und pointiert

- Gehe auf das Unternehmen ein, vorher entsprechend recherchieren
- Sprachliche Weichmacher wie »eventuell«, »möglicherweise« vermeiden
- Konjunktiv (»hätte«, »würde«) und Passiv (»mir wurde beigebracht«) vermeiden
- Aufbau: Einleitung (deine aktuelle Situation), Qualifikation (deine Fähigkeiten, Skills), berufliche Erfolge (Projekte, Erfahrungen mit Bezug zur Stelle), Motivation und Ziele (Warum gerade das Unternehmen? Kultur, Aufgaben, Entwicklungschancen, Herausforderungen)
- Zusatzinformation: Gehaltsvorstellung (dazu mehr im laufenden Text), möglicher Eintrittszeitpunkt
- Aufforderung und Grußformel: Freude auf persönliches Gespräch, Einladung bekunden und Verabschiedung
- Umfang: eine DIN-A4-Seite
- Ort, Datum, Unterschrift

Die dritte Seite oder Motivationsschreiben
- Ist umstritten, schließlich bleibt Personalverantwortlichen wenig Zeit pro Bewerbung
- Optional (entscheide situativ, ob du die dritte Seite beifügst)
- Unterstreicht deine Motivation und Leistung, wenn du weitere interessante Informationen für den Arbeitgeber beifügen möchtest, die nicht aus dem Anschreiben, CV hervorgehen
- Unnötig für: Führungskräfte, Berufserfahrene mit mehrjähriger Expertise; könnte als übertrieben oder lächerlich gewertet werden
- Ratsam bei: Berufseinstieg, -umstieg, Quereinstieg, Initiativbewerbung, kreativen Branchen

Zeugnisse

- Berufseinsteigerin: Schulzeugnis, Ausbildungszeugnis
- Bei Berufserfahrung: die drei aktuellsten Arbeitszeugnisse; Schulabschlusszeugnis weglassen, falls es älter als 15 Jahre ist; bei mehreren Ausbildungen immer das aktuellste Zeugnis; Zertifikate und Weiterbildungen nur bei Bezug zur Stelle

---

Das Wichtigste auf den Punkt gebracht:

- Deine Bewerbung sollte das, was du mit- und einbringst, gut widerspiegeln.
- Überlege dir, Elemente aus dem englischen CV zu übernehmen, wenn es passt und deine Bewerbung abrundet, ohne überladen zu wirken. Mit dem »Personal Profile« aus dem englischen CV haben meine Klientinnen auch in ihren deutschen, klassischen Bewerbungen sehr gute Erfahrungen gemacht, wenn sie diese treffende und prägnante Aussage über sich geschickt in ihrem CV platzierten.
- Weniger ist mehr: Die Gestaltung deiner Bewerbung sollte nicht zu verspielt sein, um damit nicht vom Wesentlichen abzulenken.
- Deine Bewerbung ist immer individuell auf das Zielunternehmen und die zu besetzende Stelle anzufertigen.
- Investiere in ein gutes Bewerbungsfoto, der dadurch erzeugte Eindruck kann in einem 1:1-Rennen mit einer Mitbewerberin entscheidend sein.

Heikle Punkte bei der Bewerbung

»Ich habe zwei kleine Kinder, soll ich das lieber verschweigen, damit ich eine bessere Chance habe, zum Bewerbungsgespräch eingeladen zu werden?«

Janine W., 29, Grafikdesignerin

Die Angabe zu deiner Familiensituation und ob du Kinder hast oder nicht, gehört, rechtlich gesehen, zu den freiwilligen Angaben in der Bewerbung. Daher kann die Frage unter unterschiedlichen Aspekten beantwortet werden. Rein rechtlich gesehen: Ein klares Nein, hier ist keine Angabe nötig. Wenn ich dieses Thema mit Müttern diskutiere, dann wird es mitunter emotional. Natürlich ist das eigene Kind das Wichtigste auf der Welt für die Eltern. Und das einfach zu verschweigen, fühlt sich für viele Mütter unrund an.

Doch es gibt auch die andere Perspektive. Aus Sicht deines Arbeitgebers kann es in der Konsequenz bedeuten, dass du eventuell häufiger ausfällst, weil du dein Kind versorgen musst. Demzufolge wird sich die Personalverantwortliche, die deine Bewerbung mit Angabe des Kindes durchgeht, zunächst einmal, ohne Näheres von dir oder zu deiner Situation zu wissen, einige Fragen stellen, nämlich:

- Wie alt ist das oder sind die Kinder (wenn es dazu keine Angabe gibt)?
- Ist für die Betreuung der Kinder gesorgt?
- Was passiert, wenn das Kind krank ist?
- Wird die Mitarbeiterin trotz ihrer Familiensituation konzentriert bei der Arbeit sein?
- Wie häufig wird sie wohl ausfallen?
- Ist die Familienplanung der Mitarbeiterin bereits abgeschlossen?

Antidiskriminierungsgesetz hin oder her, die familiäre Situation darf offiziell kein Entscheidungskriterium gegen eine Bewerberin sein, doch Recht haben und Recht bekommen sind zwei Paar Stiefel. Im schlechtesten Fall wird deine Bewerbung aussortiert. Tut mir leid, wenn es beim Lesen so direkt wirkt, doch die Realität sieht leider häufig nüchterner aus, als es viele wahrhaben wollen.

Die Angabe deiner Kinder kannst du in deiner Bewerbung noch umgehen. Im Bewerbungsgespräch wirst du dich möglicherweise unwohl damit fühlen, wenn es dir Schwierigkeiten bereitet, in diesem Punkt Gelassenheit auszustrahlen. Spätestens dann wird dein Gesprächspartner nachhaken, wenn ihr oder ihm etwas auffallen sollte. Natürlich brauchst du auch in dieser Situation keine Angaben zu machen, doch Vorsicht, eines gilt ganz sicher: Nicht die Wahrheit zu sagen, ist eine ganz schlechte Idee. Falschangaben im Bewerbungsprozess können auch Jahre später zur fristlosen Kündigung führen. Auch wenn du bei unzulässigen Fragen, wie der Frage nach der Familienplanung, ein sogenanntes »Recht zur Lüge« hast, um eventueller Diskriminierung in diesem Punkt vorzubeugen, kann es im Nachhinein heikel werden. Willst du gegen deinen Arbeitgeber prozessieren? Wie willst du in einer rechtlichen Auseinandersetzung nach einer späteren Kündigung glaubhaft machen, dass deine familiäre Situation der Kündigungsgrund war und du somit diskriminierend behandelt worden bist? Nach § 22 AGG musst du zunächst Indizien dafür vorlegen, die eine Benachteiligung wegen eines Diskriminierungsmerkmals vermuten lassen.[54] Die meisten Karriereratgeber empfehlen, Kinder spätestens im Bewerbungsgespräch anzugeben. In der Gesprächssituation kann Klarheit geschaffen werden und du kannst Missverständnisse gleich aus dem Weg räumen.

Versuche die Situation einmal durch die Brille deines potenziellen Arbeitgebers zu betrachten oder, um es noch deutlicher zu machen, versetze dich in die Rolle der Chefin, die für ihr Unternehmen gutes Personal sucht.

Was wünschst du dir dann für eine Bewerberin? Möchtest du sie aufgrund ihrer Qualifikation und Leistungsbereitschaft einstellen? Was für ein Mensch darf das sein? Wird bei dir im Unternehmen eine offene Kommunikationskultur gelebt? Wie wird mit Familie umgegangen? Möchtest du eine Bewerberin, die dir aus Angst, nicht eingestellt zu werden, ihre familiäre Situation verschweigt, auch wenn es dich als Chefin rechtlich gar nichts angeht? Wie kann sich das auf eure langfristige Zusammenarbeit auswirken? Mit welchem Gefühl wird deine Mitarbeiterin jeden Tag zur Arbeit kommen? Wünschst du dir eine Mitarbeiterin, die den Eindruck macht, gut organisiert zu sein und die ihre familiäre Situation im Griff hat?

Übertragen auf deine Situation als Bewerberin kannst du dir Folgendes überlegen: Verschweigst du deine Mutterschaft, dann gelten deine Kinder auch als nicht existent, ganz einfach. Du giltst als zeitlich flexible Kollegin, und es sollte dann auch nicht vorkommen, dass du früher in den Feierabend gehst, weil du dein Kind aus der Kita abholen musst. Und eine weitere Frage drängt sich auf: Wie wirkt es auf deinen Arbeitgeber oder auf dein Team, welche Aussage machst du selbst über dich, wenn im Nachhinein herauskommt, dass du Wichtiges zu deinen privaten Verhältnissen zurückgehalten hast? Spätestens auf deiner Lohnsteuerkarte wird das Merkmal Kind, wenn es um die Eintragung des Kinderfreibetrags geht, sichtbar. Rechtliche Grundlagen und Datenschutz stehen auf der einen Seite, auf der anderen Seite gibt es so etwas wie das echte Leben: Je nach Firmengröße kann es schneller passieren, als du denkst, dass der Flurfunk die Neuigkeit über deine familiäre Situation verbreitet. Und möchtest du dann, dass Gerüchte die Runde machen? Möchtest du als nicht vertrauenswürdig gelten?

💡 Vielleicht helfen dir folgende Gedanken, wie du die Kinderfrage bei der Bewerbung am besten löst:

- Wie möchte ich wahrgenommen werden?
- Möchte ich mit meiner Bewerbung in der Schublade »überforderte Mutter« landen, oder sagt meine Bewerbung über mich aus: »Sie hat alles im Griff, weiß, was sie kann, und ist gut organisiert«?
- Wie kann ich meinem Arbeitgeber vermitteln, dass bei mir die Betreuung der Kinder und auch Engpässe gut organisiert sind?
- Wie sieht die Betreuungssituation für mein Kind/meine Kinder konkret aus?
- Wer unterstützt mich, wenn mein Kind krank wird?

> »Ich möchte relativ bald Kinder haben. Wie gehe ich damit um? Soll ich das im Bewerbungsgespräch ansprechen?«
>
> Sue K., 26, Betriebswirtin

Ob du es glaubst oder nicht, diese Frage höre ich sehr häufig. Aus allen Richtungen, auch von Hochschulabsolventinnen. Deine Familienplanung solltest du für dich behalten. Wie weiter oben bereits aufgeführt, ist deine familiäre Situation eine freiwillige Angabe, und wenn du (noch) keine Familie hast, ist es ganz einfach, dann ist auch nichts anzugeben. Deine Zukunftspläne, egal wann du für dich die Zukunft definierst, gehen deinen Arbeitgeber nichts an. Setze auch hier einfach gedanklich die Brille der Chefin auf: Was für einen Eindruck gewinnst du als Chefin von einer Bewerberin, die dich im Bewerbungsgespräch darüber informiert, dass sie recht bald Kinder plant? Wie ernst wird sie wohl ihre Aufgabe nehmen? Wie schnell musst du dich wieder um neues Personal kümmern?

Lohnt es sich, eine solche Bewerberin einzustellen? Die Antwort auf die Ausgangsfrage hast du jetzt. Ein klares Nein. Bitte nicht im Bewerbungsgespräch angeben. Weder von dir aus noch wenn du danach gefragt wirst.

»Muss ich meine Schwangerschaft preisgeben? Kann ich mich als Schwangere überhaupt bewerben?«

Rosi W., 32, Raumausstatterin

Es spricht nichts dagegen, sich auch als Schwangere zu bewerben. Auch wenn du dich aus der Arbeitslosigkeit bewirbst, gibt es keine Fristen oder vorgeschriebenen Zeitpunkte. Du bist dem möglichen Arbeitgeber gegenüber weder in deiner Bewerbung noch im Vorstellungsgespräch in der Offenbarungspflicht und kannst sogar vom Recht zur Lüge Gebrauch machen, solltest du nach einer Schwangerschaft gefragt werden. Nach § 7 Abs. 1 AGG in Verbindung mit § 1 AGG ist diese Frage generell unzulässig. Das gilt sogar für den Fall, dass du dich auf eine Stelle bewirbst, die aus mutterschutzrechtlichen Gründen von Schwangeren gar nicht mehr ausgeübt werden darf.

Neben dem rechtlichen Aspekt spielt ein anderer Aspekt eine Rolle. Das Vertrauen. Völlig verständlich, dass du deinen Arbeitgeber nicht täuschen möchtest, um langfristig die Vertrauensbasis nicht zu belasten. Und einmal ganz abgesehen davon, dass du deine Schwangerschaft ab einem gewissen Zeitpunkt nicht mehr wirst verbergen können, stellt sich für dich die Frage, wie offen und konstruktiv du mit der Situation umgehst. Es ist, wie fast immer, eine Frage der Haltung. Du kannst dir frühzeitig Gedanken darüber machen, wie dein Leben mit Arbeit und Kind aussehen könnte.

💡 Dazu helfen dir folgende Überlegungen:

- In welchem Umfang kann ich vor und nach der Geburt meine Arbeitsstelle ausfüllen?
- Welche Pläne habe ich nach dem Mutterschutz?
- Wie lange plane ich in Elternzeit zu gehen?
- Kann ich eine Tagesmutter engagieren?
- Welches mittel- bis langfristige Ziel, welche Weiterentwicklung strebe ich beim Arbeitgeber an?
- Kann ich während der Elternzeit Onlinekurse zur Weiterbildung machen?

Die Arbeitgeber, die sich Vereinbarkeit oder Familienfreundlichkeit auf die Fahne schreiben, kannst du mit deinen Vorstellungen und konstruktiven Gedanken herausfordern. Warum sollte deine zukünftige Chefin nicht wohlwollend reagieren, wenn du konkrete Pläne lieferst und somit kommunizierst, dass sie mit dir eine motivierte, engagierte und gut strukturierte Mitarbeiterin gewinnen wird?

Schließlich haben auch die ganz Großen aus dem DAX und Co. erkannt, dass sie Vorteile bei der Gewinnung und im Halten von guten Fachkräften haben, wenn sie etwas für die ganz Kleinen tun.[55] Demnach steigt die Anzahl der Betriebskindergärten kontinuierlich an. Das Statistische Bundesamt weist für das Jahr 2020 762 Betriebskindergärten aus.[56]

Die Gehaltsfrage im Bewerbungsgespräch

»Wann kommt das Gehalt beim Bewerbungsgespräch auf den Tisch? Soll ich abwarten, bis mein Gesprächspartner den Punkt anspricht, oder kann ich als Erste das Gehalt ansprechen? Und was, wenn mein Gehaltswunsch zu hoch ist?«

Ronja R., 35, Ernährungswissenschaftlerin

Solche Fragen erreichen mich in der Karriereberatung immer dann, wenn es um den Punkt Gehalt in Bewerbungsgesprächen geht. In vielen Köpfen sorgen diese Fragen für eine größere Unsicherheit als die Frage nach der richtigen Vorbereitung auf das Vorstellungs- oder Bewerbungsgespräch.

Du kannst dir nach dem Lesen des vorherigen Abschnitts sicher denken, wie meine Antwort ausfällt. Da die Unternehmen individuelle Prozesse zur Personalauswahl aufgesetzt haben, gibt es keine universell gültige Regel, wann genau das Gehalt an die Reihe kommt. Manche Organisationen möchten ihre Bewerberinnen und Bewerber mittels mehrerer Gesprächsrunden kennenlernen, während anderen Firmen für die Personalauswahl auf Assessment-Center setzen. In solchen Fällen wird die Gehaltsfrage erst im engeren Auswahlprozess diskutiert. Andere Unternehmen entscheiden sich schon nach einem Interview für die Person. Und in manchen Gesprächen wird ein grober Gehaltsrahmen genannt, der erst im Arbeitsvertragsentwurf, der dir bei einer positiven Entscheidung ins Haus flattert, genauer beziffert wird.

Im Rahmen der Recherche über den künftigen Arbeitgeber kannst du versuchen, so viel wie möglich darüber herauszufinden, wie der Bewerbungsprozess im Haus abläuft. Die Einladung zum Vorstellungsgespräch dürfte dir schon wichtige Details dazu liefern, beispielsweise, ob es sich um ein Erstgespräch handelt. Dann kannst du gegebenenfalls von einem Zweitgespräch ausgehen.

Bevor du dir den Kopf unnötig zerbrichst, mache dir erst mal eines klar: Sobald du zum Vorstellungsgespräch eingeladen worden bist, besteht Interesse, dich als Persönlichkeit, mit dem was du mit- und einbringen wirst, kennenzulernen. Diese wichtige Hürde hast du bereits genommen.

Dein Bewerbungsgespräch beginnt im Kopf

Die nächste Hürde hast du selbst in der Hand, besser gesagt im Kopf. Es ist dieser Gedankenfilm, der meiner Erfahrung nach beim Wort Gehalt in vielen Köpfen automatisch abgespult wird. Vielleicht erkennst du dich in den nächsten Zeilen wieder? Begleitet von Angst, Herzklopfen und feuchten Händen schwirren die Gedanken nur so durch deinen Kopf. Du empfindest Stress, und die gute Vorbereitung auf dein Vorstellungsgespräch ist wie weggeflogen. Von nun an übernehmen folgende Gedanken die Regie in deinem Kopf: »Was, wenn ich zu viel verlange?« ... »Soll ich wirklich mein Maximalziel nennen?« ... »Ob die so viel zahlen werden?« ... »Vielleicht biete ich einfach an, mit weniger einzusteigen?« ... »Ach, Geld ist nicht alles« ... »Ob ich den Job überhaupt kriege?«.

Das Gehalt ist normaler Bestandteil deines Arbeitsverhältnisses, Punkt. Versuche, dieses Thema in deinem Kopf genauso zu bewerten, wie die Informationen zu deinen Arbeitszeiten, deinem Arbeitsplatz und den Arbeitsmitteln oder Werkzeugen, die dir zur Erfüllung deiner Aufgaben zur Verfügung gestellt werden. Frage dich selbst: Hast du ein genauso intensives Empfinden, wenn du an deine Arbeitszeiten oder das Aufgabenspektrum denkst, wie beim Gedanken ans Gehalt?

In einem ersten Schritt kannst du die Regie für den Film in deinem Kopf übernehmen und die Verliererin zur Heldin machen.

Dazu wandelst du die Fragen in Aussagesätze um. Und die eher gleichgültige Haltung zu Geld wird in eine positive Formulierung geändert. Das kann beispielsweise so aussehen:

- Aus »Was, wenn ich zu viel verlange?« wird »Ich erwarte eine angemessene Kompensation«.
- »Soll ich wirklich mein Maximalziel nennen?« wird zu »Ich werde mein Maximalziel nennen«.
- Aus »Ob die so viel zahlen werden?« machst du »Selbstverständlich werden sie so viel zahlen!«
- Aus »Geld ist nicht alles« kannst du »Geld ist eine wichtige Ressource« machen.
- Und »Ob ich den Job überhaupt kriege?« kann zu »Ich werde den Job kriegen« werden.

Danach kannst du die positive Wirkung deiner Gedanken verstärken, indem du eine bejahende, zielgerichtete Aussage, eine Affirmation formulierst, etwa wie folgt:

- »Ich werde mein Maximalziel erfolgreich verhandeln, weil ich weiß, was ich kann und was meine Qualifikation in Verbindung mit meiner Leistung wert ist.«
- »Das Unternehmen weiß, dass gute Leute ihr gutes Gehalt wert sind.«
- »Ich bin genau die richtige Kandidatin für diese Position!«

Probiere es aus. Schau dir den Film in deinem Kopf vor deinem inneren Auge an, spule mal vor, mal zurück, drücke die Stopptaste und beobachte, was sich für dich ändert, sobald du als Regisseurin ins Geschehen eingreifst. Mit regelmäßiger Übung können wir bewusst die Regie über unsere zweifelnden Gedanken übernehmen. Das wirkt sich auf unsere gesamte Haltung aus, wir wirken selbstsicherer, und das wird wahrgenommen.

Sobald du den Punkt Gehalt als einen von vielen Punkten, die es im Bewerbungsgespräch zu klären gilt, begreifst und mental für dich abhaken kannst, wird es für dich selbstverständlich sein, den angemessenen Preis für deine Arbeitsleistung einzufordern und durchzusetzen. Und die fundierte, ganzheitliche Vorbereitung auf deine Gespräche und Verhandlungen hältst du mit diesem Buch in der Hand. Bevor wir auf die Gehaltsfrage im Bewerbungsgespräch zurückkommen, folgen jetzt ein paar grundsätzliche Fragen zum Ablauf von Vorstellungs- oder Bewerbungsgesprächen.

Die Pflicht im Bewerbungsgespräch

Widmest du dich der Vorbereitung auf dein Bewerbungsgespräch mindestens genauso bedacht und intensiv wie der Erstellung deiner Bewerbungsunterlagen? Dann wirst du mit einer guten Ausgangsbasis in dein Gespräch gehen können. Diese wird dir Stabilität verleihen und du wirst dich sicher fühlen. Und das wirst du ausstrahlen. Deshalb kurz zum inhaltlichen Rahmen eines Bewerbungsgesprächs. Auch wenn du Berufs- und Bewerbungserfahrung hast, sind ein paar Impulse hierzu immer gut zu gebrauchen. Du solltest dir zu den nachfolgend aufgeführten Punkten und Fragestellungen deine eigenen (guten) Gedanken machen.

Ganz grob gliedern sich Vorstellungsgespräche (gehen wir mal von einem Gespräch aus) in die Phasen Begrüßung, Bewerbungsmotiv und beruflicher Werdegang, persönlicher Hintergrund, fachliche, soziale und personale Kompetenz, Fragen seitens der sich bewerbenden Person, Eintrittstermin, Gehalt und Verabschiedung.

Der übliche Small Talk, das Aufwärmgespräch, in dem du dich bitte nicht in epischer Breite über das Wetter auslassen solltest, folgt der Begrüßung der Gesprächspartner.

👍 **Themen für den Small Talk**

Tabu sind:
- Politik
- Religion
- Krankheit und Tod
- Stammtischparolen oder -themen
- Ethnien
- Lästereien über an- oder abwesende Personen

Top sind:
- Wetter
- Sport
- Hobbys
- Zeitgeschehen, sofern es nicht zu sehr auf Politik abzielt
- Kultur, Veranstaltungen (evtl. Kunst in den Räumlichkeiten)

Gute Gesprächsaufhänger sind: Besonderheiten des Ortes (der Gesprächsort, der Straßenname oder das Gebäude des Arbeitgebers). Bitte nicht stoisch alle Themen abarbeiten, ein oder zwei Punkte reichen. Wenn du dich mit dem Gebäude des Arbeitgebers oder dessen Kunst beschäftigt hast und dazu etwas sagen kannst, zeigst du, dass du dich auch auf anderem Parkett bewegen kannst. Verliere nicht zu viel Zeit mit dem Aufwärmgespräch. Es geht darum, die Atmosphäre aufzulockern und innerhalb kürzester Zeit verbindende Themen zu finden, um Vertrauen zu gewinnen und sich nicht komplett als Fremde ins Gespräch zu begeben.

Jetzt bist du dran

💡 Aufgefordert durch das berühmte »Erzählen Sie uns bitte etwas über sich« solltest du in wenigen Minuten klar und strukturiert eine pointierte Zusammenfassung zu deinem Werdegang abliefern können:
- deine verschiedenen beruflichen Stationen, zusammengefasst

- als Berufsanfängerin Erfahrungen aus Praktika, Schülerjobs, Engagements im Sportverein, Ehrenämtern
- deine wichtigsten Erkenntnisse, Lernerfahrungen oder Entwicklungssprünge
- deine Leistungsmotive, Werte und Ziele

Bereite zu weiteren Fragen schlüssige Antworten vor:
- Warum möchtest du beim Zielunternehmen arbeiten?
- Warum bist du aus deiner Sicht für diese Position die Richtige?
- Was zeichnet gerade dich aus?
- Was verstehst du unter einem guten Führungsstil?
- Wie sollte deine neue Tätigkeit gestaltet sein?
- Was interessiert dich am meisten an dieser Aufgabe?
- Wie sieht momentan ein typischer Arbeitstag bei dir aus?
- Wie stehst du zu Routinetätigkeiten?
- Kannst du unter Druck arbeiten?
- Welche Beispiele gibt es für deine Kreativität, Initiative, Durchsetzungsfähigkeit?

Knifflige Fragen

Die nachfolgende Frage liest sich auf den ersten Blick ähnlich wie die vorherigen Fragen, doch in der eigentlichen Gesprächssituation, in der du angespannt bist, wirkt sie nicht ganz so trivial. Wer spricht schon gern über eigene Schwächen oder gibt sie zu? Deshalb gilt auch hier: lieber im Vorfeld Gedanken machen als in der Bewerbungssituation nervös oder unsicher werden, weil dir die richtigen Worte dazu nicht einfallen wollen.
- Wo liegen deine Stärken und was sind deine Schwächen?

Hier bist du gut beraten, ehrlich zu dir selbst und reflektiert zu sein und das auch im Gespräch zu transportieren. Es wird dir keine

Sympathiepunkte einbringen, wenn du von mustergültigen Schwächen, wie »Ich bin zu perfektionistisch« oder »Ich bin zu ungeduldig« sprichst, denn das machen fast alle anderen schon. Und du willst doch durch deine Authentizität und Aufrichtigkeit auffallen, oder? Im Rahmen der Vorbereitung kannst du in deinem Umfeld Menschen, die dich gut kennen, nach einer ehrlichen Einschätzung zu deiner Person inklusive deiner Stärken und Schwächen fragen.

Die nachfolgenden Fragen haben es in sich, weil sie dich unterschwellig zu negativen Äußerungen verleiten können:

- Was missfällt dir am meisten an deinen Arbeitskolleginnen oder -kollegen?
- Warum strebst du einen Jobwechsel an?
- Was ist der Grund für deine häufigen Jobwechsel?
- Was hat dir in deiner letzten Firma nicht gefallen?

Hier solltest du auf Punkte in der Zusammenarbeit mit den anderen Kolleginnen eingehen können, ohne abfällig oder persönlich beleidigend zu werden. Vielleicht gibt es Themen, die die Kommunikation, den Führungsstil oder die Zusammenarbeit in Projekten betreffen, die besser hätten laufen können? Gleiches gilt für den letzten oder alle vorherigen Arbeitgeber, bei denen du beschäftigt warst: Negative oder abfällige Bemerkungen werden auf dich zurückfallen, denn wer weiß, was du eines Tages über die Firma erzählst, bei der du gerade vorsprichst? Formuliere auf eine wohlwollende Weise, übe konstruktiv Kritik und teile deine Überlegungen und Verbesserungsvorschläge mit.

Obacht, Fragen zu den nachfolgenden Themen sind unzulässig:

- Familie
- Ehe und Familienplanung
- politische Meinung

- gewerkschaftliche Zugehörigkeit
- Ausbildung und Beruf des Lebenspartners
- finanzielle Situation
- Krankheit (nur zulässig, wenn vom Gesundheitszustand die Einsatzfähigkeit auf dem betreffenden Arbeitsplatz abhängt)
- HIV (nur wenn für die Stelle relevant, bei einer AIDS-Erkrankung besteht Fragerecht, weil eine Arbeitsunfähigkeit absehbar eintreten kann, das Fragerecht gilt aktuell als umstritten)
- Schwerbehinderung (nur wenn dadurch die Ausübung der Tätigkeit unmöglich ist)
- Behinderung (nur bei konkretem Bezug zum geplanten Arbeitsplatz)
- Vorstrafen (nur konkret bezogen auf die zu besetzende Stelle)

Um dir doch etwas zu den unzulässigen Themen zu entlocken, wird das Gespräch geschickt, geradezu beiläufig, auf diese Bereiche gelenkt, oder es werden manchmal allgemeine Fragen dazu gestellt:

- Was halten Sie von Familie?
- Wie sehen Sie die aktuelle politische Lage?
- Für wie sinnvoll halten Sie Gewerkschaften?
- Tauschen Sie sich mit Ihrem Lebenspartner über Berufliches aus?

Gerade bei der Frage nach der Familie oder Familienplanung kannst du eine Antwort geben, die deine allgemeine Haltung dazu wiedergibt, ohne auf deine Situation einzugehen. Weitere Anregungen findest du unter *Heikle Punkte bei der Bewerbung.*

Vielleicht traust du dir eine direkte Gegenfrage zu, etwa: »Hätten Sie mir die Familienfrage auch gestellt, wenn ich ein Mann wäre?« Es kommt auf den Gesprächsverlauf an, auf die Art, wie diese Frage gestellt wird, und welchen Eindruck du von der Unternehmenskultur deines potenziellen Arbeitgebers gewinnst. Verläuft das Gespräch locker oder hast du den Eindruck, dass unverhältnismäßig viele dieser Fragen gestellt werden? Ist dein Gesprächspartner selbst ein Elternteil? Interessanterweise verändern männliche Vorgesetzte als Väter nach der Geburt ihrer Töchter ihre Haltung Frauen gegenüber und zahlen Frauen tendenziell höhere Gehälter.[57]

Die Kür: Die Gehaltsfrage wird konkret

Auf die Frage, was du verdienen möchtest, solltest du eine Antwort parat haben und sie klar, souverän und entschieden äußern. Darauf hast du dich bestens in Kapitel 8 unter **Die eigenen Ziele ableiten: Aller guten Dinge sind drei!** und **Was wäre, wenn nicht? Immer einen Plan B in der Tasche haben** vorbereitet. Diese Fragen oder Bemerkungen zum Gehalt können im Vorstellungsgespräch kommen:

- »Was möchten Sie denn bei uns verdienen?«
- »Was ist Ihre unterste Schmerzgrenze?«
- »Sie wollen ja nicht umsonst hier arbeiten, oder?«
- »Was haben Sie zuletzt verdient?«
- »Wie ist Ihre Gehaltsvorstellung?«
- »Sie werden wahrscheinlich nicht mit dem zufrieden sein, was wir Ihnen anbieten können, aber unser Budget sieht nur XY vor.«

Vorsicht bei der Frage nach deiner untersten Schmerzgrenze. Hier wird bewusst nach deinem Minimalziel gefragt, um einen besonders günstigen Anker im Gespräch zu platzieren (Ankereffekt, siehe Seite 243). Nenne hier gemäß deinen drei Zielen nicht dein Minimalziel, sondern mindestens die Alternativgröße, oder noch besser: Trau dich, dein Maximalziel, dein Ziel 1, zu nennen. Die Frage nach dem letzten Gehalt kannst du mit dem Verweis auf Verschwiegenheit oder einer selbstbewussten Antwort mit Nennung deines Maximalziels kontern.

Reaktionen deines Gegenübers auf deine Gehaltsangabe:

Reaktion 1: Es kann sein, dass deine Antwort in diesem Stadium des Gesprächs erst einmal nur zur Kenntnis genommen wird, ohne dass näher darauf eingegangen wird. Das Gehalt wird dann meist in einem zweiten Gespräch eingehend besprochen und verhandelt. Dazu mehr in Kapitel 14 **Die Psychologie des Verhandelns.**

👍 **Tipp:** Lasse deinen genannten Wert im Raum stehen. Versuche, an diesem Punkt gelassen zu bleiben, und verfalle nicht in die Rechtfertigungshaltung, hier jetzt unbedingt noch etwas relativieren oder erklären zu müssen, nur weil dein Gegenüber dazu schweigt. Halte den Moment des Schweigens aus. Das verleiht dir Souveränität und zeigt, dass du zu deiner Aussage stehst.

Reaktion 2: Falls es Fragen gibt, wie du zu deinem Gehaltswunsch gekommen bist und was diesen rechtfertigt, gibt es mehrere Möglichkeiten für dich, zu reagieren.

👍 **Tipp:** Erinnere dich an die Ableitung deiner drei Zielgrößen. Dazu hast du entsprechend recherchiert, dich mit deinem Marktwert, dem Arbeitgeber auseinandergesetzt und hast gedanklich ein gutes Fundament für dein Wunschgehalt geschaffen. Setze hier an, indem du beispielsweise ...

- auf deinen Marktwert referenzierst,
- deine Spezialkenntnisse auf einem bestimmten Fachgebiet hervorhebst,
- erwähnst, dass dir Angebote im Bereich deines Maximalziels vorliegen,
- eine Kompensation, die deiner Qualifikation und der Position entspricht, erwartest,

- deine Bereitschaft, die berühmte Extrameile zu gehen, betonst und dazu ein bis zwei konkrete Beispiele nennst,
- dein Netzwerk aus interessanten Kontakten erwähnst, falls es für die Position oder das Unternehmen relevant sein könnte, oder
- im Vorfeld zwei bis drei Topargumente vorbereitest: Mit dem drittbesten steigst du in die Auseinandersetzung ein und ziehst dein Top-1-Argument zum Schluss aus dem Ärmel (Rezenzeffekt, siehe Seite 245).

Reaktion 3: Falls dein Gegenüber jetzt zur Verhandlung ansetzt und dein Gehaltsziel herunterhandeln möchte, entscheiden Gegenargumente, Rhetorik, Verhandlungstricks und die Gesprächsatmosphäre, wie du dann am besten reagierst. Weiteres findest du in Kapitel 14 **Die Psychologie des Verhandelns.**

Die Frage nach deinen Fragen

Auf die fast schon obligatorische Frage »Haben Sie noch Fragen?« solltest du im Vorfeld ein paar Punkte zusammentragen, die dich in jedem Fall zu deinem möglichen Arbeitgeber, der Organisation und vor allem deiner Aufgabe interessieren. Tue dir bitte selbst einen Gefallen, indem du nicht aus falscher Zurückhaltung oder Bescheidenheit heraus antwortest, du hättest keine Fragen. Das zeugt nicht von vornehmer Zurückhaltung, sondern eher von Desinteresse.

Zu den nachfolgenden Punkten kannst du dir schlaue Fragen überlegen, die dein Interesse untermauern. Und mal ehrlich, dich interessiert doch brennend, wie der Aufgabenbereich konkret aussieht, wer dich einarbeiten wird und welche Perspektiven du hast, oder etwa nicht? Noch während des Gesprächs kannst du dir Notizen machen; eine kurze Rückfrage dazu, ob es in Ordnung sei, sich ein paar Punkte zu notieren, zeugt von Aufmerksamkeit und

Professionalität, vor allem dann, wenn du daraus für deine Fragen Punkte aus dem Gespräch aufgreifen kannst. Im Vorfeld kannst du eine Liste mit Fragen vorbereiten, die du zusammen mit deinen Unterlagen ins Gespräch mitnimmst.

Zu deiner Aufgabe:
- Was genau wird meine Aufgabe sein?
- Was braucht es, um die Aufgabe wirklich gut zu erfüllen?
- Was sind die größten Herausforderungen dabei?
- Wie sieht ein typischer Arbeitstag aus?
- Mir ist es wichtig, schnell in meinen Aufgabenbereich hineinzu-wachsen. Wie werde ich eingearbeitet?

Zu deinem Team:
- Mit wem werde ich enger zusammenarbeiten?
- Wer wird meine Vorgesetzte sein?
- An wen werde ich berichten?
- Wie ist das Team organisiert?
- Wie ist der Führungs- und Kommunikationsstil?

Zu Erfolg, Weiterentwicklung:
- Woran machen Sie fest, dass ich einen guten Job mache?
- Und woran erkennen Sie in sechs Monaten, dass ich gute Arbeit abgeliefert habe?
- Können eigene Ideen, Innovationen eingebracht werden?
- Welches Ziel soll nach sechs Monaten erreicht sein?
- Welche Perspektiven habe ich mittel- bis langfristig?

Diese Fragen brauchst du nicht alle abzuarbeiten, es ergibt sich vielmehr aus dem Kontext des Gesprächs, welche Punkte noch offengeblieben sind. Vielleicht erfährst du schon einen Großteil zu deinem Aufgabenspektrum und zum Unternehmen. Es wird dir helfen, mit einer offenen, interessierten Haltung in das Gespräch zu gehen. Löse dich davon, auswendig gelernte Phrasen zu wiederholen und die perfekte Bewerberin zu geben, das überlasse getrost den anderen.

Erlaube dir, ganz du selbst zu sein. Du bist qualifiziert, und du bringst das mit, was gesucht wird. Du bist top vorbereitet, weißt, was du kannst, wie du mit heiklen Situationen und Verhandlungen umgehst. Und, einmal ganz nüchtern betrachtet: Es geht in dem Gespräch darum, dass ein Interessent (das Unternehmen) sich zur Erledigung von Aufgaben (das Aufgabenspektrum der zu besetzenden Stelle) auf dem Arbeitsmarkt (deine Mitbewerberinnen) umschaut und sich Kompetenz (du, mit dem was du einbringst) einkauft (dein Gehalt). Nicht mehr, aber auch nicht weniger. Der nette Rahmen, wie der Tischkicker, der Obstkorb, die Wohlfühlzonen, die Kantine mit Organic Food, wird dir als Extra verkauft, um dich zu Bestleistungen zu motivieren, dich als gute Kraft ans Unternehmen zu binden und dich vielleicht davon abzuhalten, doch noch mal beim Gehalt nachzuhaken.

Gehen, um zu bleiben: die Verabschiedung

»Der erste Eindruck ist entscheidend, der letzte bleibt.« Wenn alles geklärt ist, freut sich dein Gegenüber über deinen freundlichen Dank für das Gespräch. Verbinde diesen mit der Frage nach dem weiteren Verlauf des Bewerbungsprozesses. Und wenn du noch etwas hinzufügen möchtest, frage nach dem Eindruck, den du bislang hinterlassen hast.

13

Mit der Haltung »Ganz oder gar nicht« in die Umsetzung

Das Gehaltsverhandlungsgespräch kannst du dir wie einen Zyklus vorstellen, der aus verschiedenen Stationen besteht. Du durchläufst ihn mit deinem Verhandlungspartner, bis ein Ergebnis der Verhandlung erreicht ist. Ein Ergebnis kann auch sein, dass die Verhandlung verschoben werden muss, weil keine Einigung auf eine passende Lösung erzielt werden konnte. Das ist kein Beinbruch. Bei einer festgefahrenen Verhandlungssituation kannst du die Vereinbarung eines neuen Termins vorschlagen und gehst aus dem Gespräch, ohne dein Gesicht zu verlieren.

DIE GEHALTS-VERHANDLUNG

1 MENTALES EINSTIMMEN

2 DER RICHTIGE MOMENT

3 GUTE VORBEREITUNG

4 DIE ERÖFFNUNG

5 TABU? NIEMALS!

6 ZUHÖREN RUHIG BLEIBEN.

7 SPIELRAUM

8 VERTAGEN

9 NEUER TERMIN

Es versteht sich von selbst, dass du in einer normalen bis guten Verfassung sein, dich mental auf dein Gespräch einstellen und fachlich top vorbereitet sein solltest, wenn du eine Gehaltsverhandlung anstrebst. Im Folgenden gehen wir kurz auf die wichtigsten Stationen des Verhandlungszyklus ein.

Den Termin der Termine vereinbaren

Soll ich den Chef, wenn ich ihn nächstes Mal sehe, darauf ansprechen? Oder offiziell einen Termin vereinbaren?

Ganz klar Letzteres. Du möchtest wichtige Dinge wie deine Weiterentwicklung im Unternehmen und die Kompensation deiner Mehrleistung mit deinem Vorgesetzten besprechen, also vereinbarst du hierzu einen Termin. Es ist immer gut zu wissen, wie im Unternehmen mit den Themen Mehrleistung, Weiterentwicklung, Gehaltsverhandlung umgegangen wird. Finden regelmäßig Jahresgespräche oder Leistungs- und Entwicklungsgespräche statt? Oder ist es Usus, dass die Mitarbeiter individuell und bei Bedarf das Gespräch mit dem Vorgesetzten suchen?

In größeren Organisationen und Konzernen ist es üblich, dass regelmäßig, meist einmal im Jahr, Mitarbeitergespräche stattfinden. Diese Gespräche folgen meist einer inhaltlich klar abgesteckten Agenda und erlauben oft keine Diskussionen über das Gehalt. In solchen Fällen bleibt dir, gesondert einen Termin zu vereinbaren. Hast du ein gutes Arbeitsverhältnis zu deinem Vorgesetzten, dürfte es unkompliziert sein, einen weiteren Termin abzustimmen. Bewährt hat sich, die eigene Weiterentwicklung im Unternehmen als Gesprächsgrund zu nennen.

Ganz gleich, wie das Verhältnis zum Vorgesetzten aussieht und wie lang die Wege im Unternehmen sind: Der Termin sollte nicht zufälligerweise im Fahrstuhl, Treppenhaus oder Flur zwischen Tür und Angel, sondern offiziell vereinbart werden: mit der Assistenz oder direkt mit der Zielperson. Vielleicht kannst du selbst Termine in den Kalender des Vorgesetzten eintragen.

Der richtige Zeitpunkt

Am Montag ist Wochenstart, da landet alles und noch viel mehr auf dem Tisch deiner Vorgesetzten, und am Freitag sehnt sie sich schon nach dem Wochenende, die Woche war ja auch wieder anstrengend! Es hilft, ein gutes Gespür für den passenden Moment im Unternehmen zu haben. Urlaubszeiten, in denen die Vorgesetzte viel außer Haus ist oder Kollegen vertritt, oder Phasen, in denen Übernahmegespräche stattfinden oder Riesenprojekte viel Kapazitäten binden, sind für Termine ungeeignet, es sei denn, du wünschst dir einen Gesprächspartner, der möglicherweise nicht bei der Sache ist, gerade zu viel um die Ohren hat und deshalb keine Entscheidungen treffen kann oder will. Wahrscheinlich nicht.

Steht von vornherein fest, dass die Vorgesetzte keine Gehaltsentscheidungen trifft, sondern diese Frage mit ihrem Vorgesetzten oder einer anderen Abteilung verhandeln muss oder die HR-Abteilung entscheidet, gilt: Die Situation und der Einzelfall bestimmen die richtige Vorgehensweise. Grundsätzlich solltest du den Kommunikationsweg einhalten. Für den Fall, dass du dich direkt an den Entscheider oder die HR-Abteilung wendest, ohne dies mit deiner direkten Vorgesetzten abgestimmt zu haben, kann es passieren, dass sich diese übergangen fühlt. Denn wenn sie später von ihrem eigenen Chef über deine Ambitionen erfährt und sich dafür rechtfertigen oder sich die Frage anhören muss, ob sie die eigene Abteilung denn »gar nicht im Griff habe«, wirft das im Umkehrschluss kein gutes Licht auf dich. Denn auch deine Chefin möchte bei ihrem eigenen

Chef gut dastehen und könnte es dir übel nehmen, dass du sie in eine solche Lage gebracht hast.

In einem solchen Fall kannst du in einem ersten Gespräch mit der direkten Vorgesetzten über deine Mehrleistung, das Erreichen oder Übertreffen von Zielen sprechen und dann gemeinsam die weitere Vorgehensweise abstimmen. Nach dem Motto: »Wir sitzen im selben Boot, lassen Sie uns gemeinsam einen Termin mit XY oder HR machen, um dann eine Lösung zu finden.«

Wie erfolgt die Gesprächseröffnung im Gehaltsgespräch?

Vertraue in dem Moment auf deine Wahrnehmung:
- Wie ist das Raumklima?
- Wie wirkt dein Gesprächspartner?
- Ist sie oder er entspannt, gut gelaunt, offen oder bedrückt, gestresst, nervös?
- Wie ist die Körperhaltung und die Gesichtsfarbe deines Gegenübers?

Je nach Stimmung und Situation bietet sich ein kurzer Small Talk an. Es hilft dir, wenn du dich noch einmal kurz daran erinnerst, das Thema Gehalt vom Podest in deinem Kopf zu stoßen und es als normales Arbeitsthema zu begreifen. Dann verlasse dich auf deine gute Vorbereitung und lasse ein gutes Gespräch auf Augenhöhe zu.

Bitte nicht: Tabus im Gehaltsgespräch

Im Gehaltsgespräch geht es um deine Leistung und deren Kompensation. Folgende Themen sollten tabu bleiben:

- Inflation und Verteuerung der Lebenshaltungskosten
- Unterhaltskosten für die Familie
- die Finanzierung der eigenen Immobilie
- Vergleiche mit Kolleginnen und Kollegen bezüglich der Gehaltshöhe

Die Kraft der unrunden Zahlen

Wir sind es gewohnt, Zahlen und Werte auf- oder abzurunden. In unserem Alltag benutzen wir ständig »runde« Zahlen. Wir fragen »Kannst du mir mal 50 Euro leihen?« und nicht »Kannst du mir mal 37,40 Euro leihen?«, wenn wir uns von einer guten Freundin Geld leihen möchten, weil wir gerade knapp bei Kasse sind.

Daher ist es auch verlockend, runde Zahlen als Gehaltsziel abzuleiten. Doch Vorsicht! Gerade weil diese so alltäglich benutzt werden, wirken sie eher geschätzt als gründlich recherchiert. Und so wird dein Verhandlungspartner in der Verhandlung ein leichtes Spiel haben, wenn du ihm mit schönen runden Zahlen kommst. Wenn du auf die Frage nach deinem Gehaltswunsch etwa so reagierst: »Ich stelle mir ein Gehalt in Höhe von 50.000 Euro vor«, dann ist die Hürde im Kopf deines Gesprächspartners, eine viel tiefere – und ebenfalls runde – Zahl zu erwidern, nicht hoch. Dann fällt es recht leicht, mit einem »Wir können Ihnen leider nur 40.000 Euro anbieten« zu reagieren, garniert mit ernster Miene und vor der Brust verschränkten Armen. Hier wird die Position des harten Verhandelnden gewahrt, versteht sich!

Versuche es stattdessen konkret: »Ich erwarte ein Gehalt von 52.800 Euro.« Und, wie fühlt sich das beim Lesen an, wie klingt diese Zahl? Im ersten Moment wahrscheinlich ungewohnt für dich, oder? Genau das ist das Ziel: Ein schnelles Herunterhandeln auf die nächstkleinere, runde Zahl dürfte deinem Verhandlungspartner nicht so schnell über die Lippen kommen. Die Psychologie weiß: Unrunde Zahlen sind in der Verhandlung stärker.[58] Hier wird vielleicht erst einmal nachgedacht, warum du wohl auf diese Zahl gekommen bist, und unbewusst wird vielleicht sogar angenommen, dass du dich im Vorfeld genauer mit deinem Marktwert, möglichen Zielgehältern, also den Fakten, auseinandergesetzt hast. Genau zu belegen brauchst du diese Zahl nicht, schließlich ist sie deine Zielgröße, oder es liegen dir bestenfalls sogar Angebote in dieser Größenordnung vor. Falls es dir hilft oder du dich damit wohler fühlst, kannst du dir im Vorfeld eine ungerade Zahl einfach herleiten. In unserem Beispiel sind es zwölf Monatsgehälter in Höhe von 4.400 Euro.

Beim Verhandeln auf doppeltem Fundament aufbauen

Ein Bild sagt bekanntlich mehr als tausend Worte. Wie wäre es mit einem für die Verhandlungssituation? Du hast in Kapitel 8 unter **Die eigenen Ziele ableiten: Aller guten Dinge sind drei! und Was wäre, wenn nicht? Immer einen Plan B in der Tasche haben** erfahren, wie du deine drei Ziele, deinen Plan B (→*BATNA*) und deine schlechteste Alternative zu einem verhandelten Ergebnis (→*WATNA*) ableiten kannst. Mit deinen drei Zielen steckst du den Rahmen für eine mögliche Einigung in der Verhandlung ab, und du weißt, was auf dich zukommt, sollte es nicht so gut laufen. Deine Angst vor dem Nein (Verlustaversion, siehe Seite 245, die dich zurückhalten könnte, ist gebannt, und somit kannst du freier in dein Gespräch gehen.

In deinem Gespräch baust du dir gedanklich einfach ein Haus. Erreichst du in der Verhandlung dein Ziel 1 (dein Maximalziel), dann wird es ein größeres Haus, hat ein paar Extras, wie Kamin und Ankleidezimmer oder welche Ideen auch immer dir dazu kommen. Erreichst du dein Alternativziel Ziel 3, dann ist das Haus ganz okay, hat vielleicht nur ein Extra. Und erreichst du deine »unterste Schmerzgrenze«, also dein Ziel 2, dann ist es ein kleines Häuschen, das dir immerhin ein Dach über dem Kopf bietet und nach und nach ausbaufähig ist. Ausbauen und verändern kannst du dein Haus immer, dazu vereinbarst du je nach Situation einen neuen Termin, sobald du Nachweise für deine Weiterentwicklung, besondere Projekte und Aufgaben oder erreichte Zwischenziele für eine Gehaltsanpassung vorlegen kannst.

Falls es zu keiner Lösung innerhalb der →ZOPA kommen sollte, dann fällst du nicht tief, denn du hast ja dein Fundament, auf dem du aufbauen kannst, deine →BATNA. Kommt es in der Verhandlung zu keiner Einigung, dann gibt es kein Haus und kein Fundament, sondern nur eine Baugrube, deine →*WATNA*. Du kannst dir an dieser Stelle tatsächlich überlegen, zu gehen, der →*Point of Walkaway* ist erreicht, dein Fundament und dein Haus lassen sich woanders besser bauen.

14

Die Psychologie des Verhandelns

Position und Motiv: Nicht nur das Gehörte zählt

Was macht die Vorstellung einer Verhandlung, in der es um uns, unsere Leistung und unsere Bezahlung geht, in unseren Köpfen so groß, so schwer und finster? In Kapitel 11 **Die eigene Einstellung zur Verhandlung** hast du dich mit deiner eigenen Haltung zur Verhandlung befasst und festgestellt, wie viele Verhandlungssituationen ein ganz normaler Alltag bereithält. Bei banalen Entscheidungen können wir uns, je nachdem um welches Thema es geht, sogar sehr gut durchsetzen, für unsere Lösung plädieren, sie verteidigen und die besten Argumente dafür finden. Ich erinnere nur an eins: das nächste Paar Schuhe, das wir ganz dringend brauchen. Ja, wir brauchen es, und zwar unbedingt, wir müssen es haben! Und schon werden alle anderen Stimmen in uns, die Sparsame, die Kritikerin, die nachhaltig Denkende, von der »Haben-wollen-Stimme« übertönt.

Die Verhandlung ist zunächst einmal eine Unterform des Gesprächs und im Besonderen ein Einigungsversuch mindestens zweier Parteien oder Gruppen. Du brauchst noch nicht einmal einen anderen Menschen dazu, wenn es um die Entscheidungen geht, die du allein triffst und mit deinem →*inneren Team* verhandelst.

Die große Kunst in der Verhandlungssituation besteht nun darin, den Konflikt, der sich allein durch die unterschiedlichen Perspektiven der Verhandlungspartner auf die zu verhandelnde Sache ergibt, in eine möglichst für beide Seiten tragfähige Lösung zu wandeln. Jetzt hat jede Seite ihre aus ihrer Perspektive berechtigte Sichtweise auf die zu klärende oder zu verhandelnde Sache und untermauert jene mit entsprechender Argumentation. Die Argumentation wird von jeder Seite im Verlauf des Gesprächs durch die eigene Vorstellung einer idealen Lösung unterfüttert. Demzufolge fließt sowohl eine sachlich begründbare und nachvollziehbare Information als auch eine durch eigene Interessen und Bedürfnisse gefärbte Information in die Argumentation jeder Seite mit ein.

Ganz vereinfacht: Fragst du zwei Menschen, die sich streiten, hat jeder Recht

In unserer Verhandlungssituation haben wir also zwei Verhandlungspartner und zwei unterschiedliche Positionen. Jeder hat seine Sicht auf die Dinge, und jeder hat ein für die Gegenseite verborgenes Motiv, was den oben beschriebenen »gefärbten« Teil der Information innerhalb der Argumentation begründet. Das Motiv ist der eigentliche Grund, etwas, das noch hinter der Forderung liegt. Es ist »das Anliegen hinter dem Anliegen«, in die Verhandlung zu gehen. Es untermauert das eigene Verhandlungsziel und rechtfertigt die eigene Perspektive auf das zu verhandelnde Thema. Das Motiv ist nicht immer greifbar, es ist vielmehr eine emotionale Größe, denn hiermit gehen persönliche Bedürfnisse einher. Und das ist der knifflige Teil einer jeden Verhandlung. Denn alles, was offen in der Verhandlungssituation angesprochen wird, wie Preise, Positionen, Liefertermine, Gehälter, ist sichtbar, hörbar und somit argumentativ und sachlich zu klären. Das Motiv bleibt meist verborgen – für beide Seiten – und ist dadurch schwer zu greifen.

In meinen Beratungs-, Verkaufs- oder Verhandlungsgesprächen hilft mir ein Bild, diesen Sachverhalt zu verstehen und zum »Kern« vorzudringen. Stelle dir einen Pfirsich vor. Die Schale ist die Position deines Gesprächs- oder Verhandlungspartners. Im beruflichen Kontext ist die Position allein schon durch den Titel oder die Positionsbezeichnung gegeben und wird im Verhandlungsgespräch logischerweise verteidigt. Das Fruchtfleisch des Pfirsichs ist die Argumentation, die dein Gesprächspartner nutzt. Der Pfirsichkern ist das verborgene Motiv. Mein Pfirsich hat einen überproportional großen Kern. Denn das Motiv ist meist stärker als die Position mit ihrer Argumentation, so meine langjährige Erfahrung. Und jetzt beginnst du die Schale des Pfirsichs zu schälen, dies ist die »Aufwärmphase« des Gesprächs. Und Stück für Stück offenbart sich das Fruchtfleisch, das du in kleine Stücke schneidest, du setzt dich mit den Argumenten deines Gegenübers auseinander, stellst Fragen, reagierst auf Einwände und arbeitest dich zum Kern vor.

POSITION
ARGUMENTATION
MOTIV

Motiv: Immer einmal mehr »Nein!«, als du denkst

Erst im dritten Anlauf hat Carla ihre wohlverdiente Gehaltserhöhung erhalten. Sie war zufrieden bei ihrem Arbeitgeber, dort bestens eingearbeitet, vertraut mit den Prozessen und hatte sehr gute Entwicklungschancen vor sich. Sie wollte definitiv im Unternehmen bleiben, war jedoch verzweifelt. Hintergrund: Ihr Chef, der nichts an ihren Leistungen auszusetzen hatte und ihre enorme Mehrleistung realisierte und lobte, blieb in den Gesprächen, die sie über eine Gehaltserhöhung mit ihm vereinbart hatte, einfach stur.

Zudem lieferte er kein nachvollziehbares Gegenargument. Sie hatte schon jegliche Motivation verloren, nach zwei gescheiterten Terminen erneut bei ihrem Chef vorzusprechen. Große Hoffnungen machte sie sich keine mehr. Und sie kam sich wie eine Bittstellerin vor, es fühlte sich unangenehm an, auch nur an ein weiteres Gespräch zu denken. Ich ermunterte sie, es noch einmal zu wagen.

Im Nachhinein stellte sich heraus, dass Carlas Chef ein – für ihn – klares Motiv hatte: Er wollte testen, wie ernst es seiner Mitarbeiterin war, und er wollte zudem herausfinden, ob sie zu schnell aufgab. Deshalb blieb er in den Gesprächen stur und seinem Prinzip treu, in den ersten beiden Terminen immer Nein zu sagen. Wer weiß, welche Erfahrungen er selbst einmal gemacht hatte, die ihn vielleicht zu seinem Motiv bewegt haben. Nach diesem »Lackmustest« gab es in der Arbeitsbeziehung zu ihrem Chef bei weiteren Entwicklungen und Gehaltsanpassungen keine Hürden mehr, wie mir bekannt wurde.

Ein Nein bedeutet nicht das Ende eines Gesprächs oder einer Verhandlung. Im Vertrieb musste ich zunächst Vokabeln pauken, und »Nein« hieß für uns »noch etwas Information nötig«. Ich durfte früh lernen, die »Angst vor dem Nein« abzulegen, auch wenn es ein harter Weg war. Nimm das Nein niemals persönlich. Hinter dem Nein deines Verhandlungspartners können die unterschiedlichsten Beweggründe stecken. Sein verborgenes Motiv, ein schlechter Tag, eine schlechte (private oder geschäftliche) Nachricht, die deinen Verhandlungspartner just vor eurem Gesprächstermin erreicht haben kann und, und, und.

Zwei Fragen, die ich meinen Klientinnen, bevor wir eine Strategie ausarbeiten, stelle und die du dir vor deiner Gehaltsverhandlung im laufenden Arbeitsverhältnis beantworten solltest, sind:

- Möchte ich da, wo ich gerade bin, bleiben?
- Mal angenommen, die Gehaltsverhandlung führt nicht zum Erfolg für mich, was werde ich tun?

Entsprechend richtest du deine Strategie aus. Für den Fall, dass dein Gesprächstermin nicht in die gewünschte Richtung läuft, kannst du einen weiteren Termin vereinbaren oder entsprechende Konsequenzen ziehen.

Das Ideal einer Verhandlung: Die Kooperation

In der Verhandlungssituation verfolgt jeder Verhandlungspartner ein Ziel: die Stabilisierung und Verteidigung der eigenen Position. Denn in seiner Wahrnehmung ist er ja im Recht, und das verleitet zur Annahme, dass nur das eigene Ziel zählt und durchgesetzt werden will. Stelle dir die Verhandlungssituation wie ein Tableau vor, das auf einer Kugel platziert ist. Genauso wie wir es in der zwischenmenschlichen Kommunikation beobachten können, bewegt sich auch eine Verhandlung im Spannungsfeld aus Beziehungs- und Sachebene. Sie gleicht einem Balanceakt.

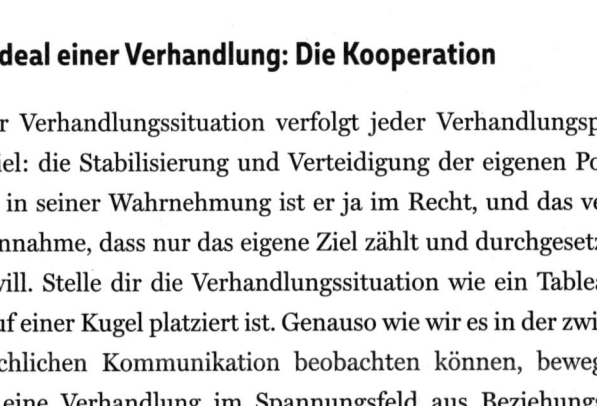

JEDE VERHANDLUNG IST
IMMER EIN BALANCEAKT.

Beim Blick aus der Vogelperspektive auf das Verhandlungstableau wird klar, wie die unterschiedlichen Verhaltensweisen der Verhandlungspartner den Weg zur Lösungsfindung beeinflussen. Vermeidet eine Person die Auseinandersetzung aus Angst vor Zurückweisung, ist keine Lösung in Sicht. Gleiches gilt, wenn beide Gesprächspartner auf ihrer jeweiligen Position verharren und diese verteidigen. Es kommt zur Wechselwirkung.

Druck erzeugt Gegendruck, nicht nur in der Physik
Bewegt sich niemand auf den anderen zu, kommt es zu keinem Verhandlungsergebnis, was einer »Lose-lose-Situation« entspricht. Es gibt keine Gewinner, nur Verlierer (Bild 1).

①

SACHEBENE
10
5
0   5   10
BEZIEHUNGSEBENE

VERMEIDUNG 'LOSE-LOSE'

• ANGST VOR ZURÜCKWEISUNG
• ANGST VOR AUSEINANDERSETZUNG

②

SACHEBENE
10
5
0   5   10
BEZIEHUNGSEBENE

STARKES DURCHSETZEN 'WIN-LOSE'

KOMPLETTES NACHGEBEN 'LOSE-WIN'

• STARKES DURCHSETZUNGSVERMÖGEN: ZU KOMPETITIV
• KOMPLETTES NACHGEBEN, VERLORENE VERHANDLUNG

Verhält sich eine Verhandlungspartnerin besonders kompetitiv, dann verteidigt sie ihre Position, verhandelt ihre Sache hart und legt womöglich keinen Wert auf die Beziehung zum Verhandlungspartner. Sie wird die Verhandlung gewinnen, wenn ihr Verhandlungspartner von seiner Position abweicht und nachgibt. Aus ihrer Sicht kommt es zur »Win-lose-Situation«, sie ist die Gewinnerin der Verhandlung. Passt sich die Verhandlungspartnerin der anderen Verhandlungspartei an, vielleicht aus Furcht davor, dass die Qualität der Beziehung im Fall einer kontrovers geführten Verhandlung leidet, oder weil sie sich argumentativ auf verlorenem Posten wähnt, dann kommt es aus ihrer Sicht zur »Lose-win-Situation«. Sie ist die Verliererin der Verhandlung (Bild 2).

Die erfolgreiche Kooperation ist das Ziel

Gelingt der gedankliche Sprung, die zu verhandelnde Sache von der eigenen Person und den eigenen Befindlichkeiten zu trennen, bewegen sich beide Verhandlungspartner aufeinander zu. Sie legen ihre Sicht auf die Dinge dar, argumentieren sachlich und verlassen die starre Verteidigung der eigenen Position. Lösungsansätze werden erörtert und am Schluss steht eine Lösung, die für beide Seiten passt. Wir sprechen hier von der allgemein angestrebten »Win-win-Lösung«. Zugegeben eine Idealvorstellung, in der beide Gesprächspartner sich respektvoll begegnen und sich weder die eine noch die andere Seite übergangen fühlt. Dazu gehört von beiden Seiten Mut, aber auch die Auseinandersetzung mit der jeweils anderen Seite und das Weiterverhandeln. Häufig beobachte ich einen voreilig getroffenen Kompromiss, weil beide Verhandlungspartner schnell zu einem Ergebnis kommen möchten, um die Verhandlungssituation zu verlassen. In einer gut geführten Verhandlung sollte der kollaborative Stil das Ziel sein. Dazu sollten die anderen Phasen, der kompetitive oder adaptive Stil und der zu schnelle Kompromiss, überwunden werden (Bild 3 und 4).

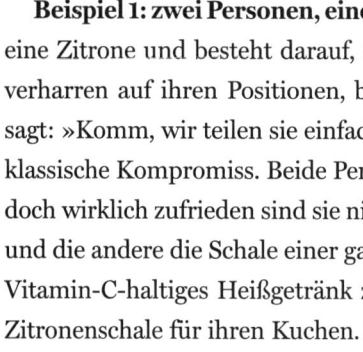

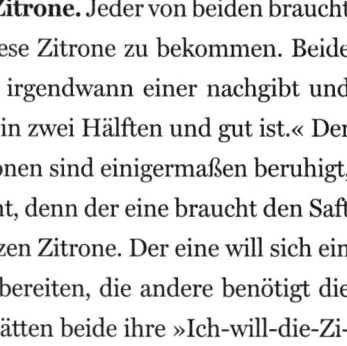

Zugegeben, das war jetzt etwas abstrakt, deshalb gebe ich dir zwei Beispiele an die Hand, die den Verhandlungsprozess im Spannungsfeld unseres Tableaus veranschaulichen.

Beispiel 1: zwei Personen, eine Zitrone. Jeder von beiden braucht eine Zitrone und besteht darauf, diese Zitrone zu bekommen. Beide verharren auf ihren Positionen, bis irgendwann einer nachgibt und sagt: »Komm, wir teilen sie einfach in zwei Hälften und gut ist.« Der klassische Kompromiss. Beide Personen sind einigermaßen beruhigt, doch wirklich zufrieden sind sie nicht, denn der eine braucht den Saft und die andere die Schale einer ganzen Zitrone. Der eine will sich ein Vitamin-C-haltiges Heißgetränk zubereiten, die andere benötigt die Zitronenschale für ihren Kuchen. Hätten beide ihre »Ich-will-die-Zitrone-haben-Position« verlassen und den anderen gefragt, was ihm wichtig ist, wofür er die Zitrone braucht, wären sie zu einer für beide zufriedenstellenden Lösung gelangt.

Beispiel 2: drei Personen, ein Kürbis. Jeder will unbedingt diesen Kürbis haben. Bei einem voreilig getroffenen Kompromiss erhält jede Person ein Drittel des Kürbisses. Viel interessanter ist jedoch die Lösung, die sich dann ergibt, wenn die drei ihre Position verlassen und beginnen, konstruktiv miteinander zu verhandeln. Dann werden die unterschiedlichen Ziele der Personen sichtbar, die mit dieser begrenzten Ressource, diesem einen Kürbis, erreicht werden sollen. Die erste Person hat das Ziel, eine Kürbissuppe zu kochen, benötigt demnach nur das Fruchtfleisch, die zweite Person möchte aus dem Kürbis eine Halloween-Dekoration basteln, und die dritte Person liebt Kürbiskerne als gesunden Snack.

So unterschiedlich können Ziele (und dahinterliegende Motive) sein. Passende Lösungen werden gefunden, sobald sich die Verhandlungspartner aufeinander zubewegen, anstatt auf ihrer ursprünglichen Position zu verharren.

Erinnere dich in deinen nächsten bilateralen Verhandlungssituationen an die Zitrone und bei der nächsten Teamsitzung an den Kürbis. Ich bin mir sicher, das hilft dir, dich in eine konstruktive Verhandlungsposition zu begeben und gute Lösungen zu erzielen.

Theorie versus Praxis: Unfaires Spiel?

Wie wir gesehen haben, sind Verhandlungssituationen komplex. Wir haben es mit unterschiedlichen Persönlichkeiten und ihren Bedürfnissen zu tun, und neben dem Motiv (du erinnerst dich an den Pfirsichkern?) spielt die eigene Wahrnehmung eine große Rolle. Dabei spielt sie mitunter seltsame Spielchen mit uns, denn sie lässt sich von Emotionen, Beurteilungsfehlern und Beeinflussung in die Irre leiten. Daher kann es uns und unserem Gegenüber im Gespräch oder in der Verhandlung passieren, dass wir die Dinge verzerrt wahrnehmen. Missverständnisse und Fehlinterpretationen, die den Verlauf der Verhandlung prägen, sind programmiert. Mehr dazu findest du im Folgenden in **Unser Denken macht es möglich: Tricks, Kniffe und Manipulation.**

Wir geben über die Art und Weise, wie wir etwas aussprechen und formulieren, wesentlich mehr als den reinen Sachinhalt unserer Aussage preis. Der Kommunikationspsychologe Friedemann Schulz von Thun stellt diesen Aspekt der zwischenmenschlichen Kommunikation mit seinem Modell des Kommunikationsquadrats dar. Er spricht von den vier Aspekten einer Nachricht, dem Sachinhalt, der Selbstkundgabe, der Beziehung und dem Appell. In der dem Originalmodell Friedemann Schulz von Thuns Kommunikationsquadrats nachempfundenen Illustration sind die vier Aspekte einer Aussage dargestellt. Sobald eine Person eine Aussage macht, gibt sie nicht nur den reinen Sachinhalt, sondern auch etwas über sich selbst, über die Qualität der Beziehung der beiden Gesprächspartner und einen, mit der Aussage verbundenen, Appell wieder.

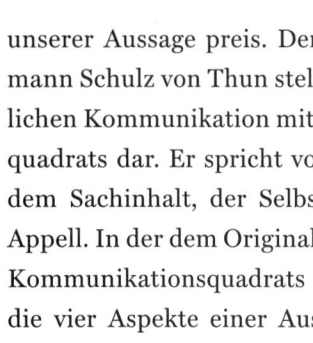
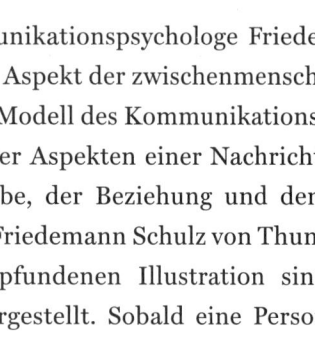

Jetzt wird es interessant. Die beiden Gesprächs- oder Verhandlungspartner hören oder nehmen demzufolge jeweils einen bestimmten Aspekt der eigentlichen Nachricht vordergründig wahr, während die anderen Aspekte in der subjektiven Wahrnehmung zurücktreten. Gemäß der Redewendung »Wie einem der Schnabel gewachsen ist« verwendet Friedemann Schulz von Thun in seinem Modell vier Schnäbel, um zu illustrieren, dass der Sender einer Nachricht je nach Betonung des einen oder anderen Aspekts seiner Nachricht mit dem Sach- oder Selbstkundgabeschnabel spricht, während der Empfänger mit dem Beziehungs- oder Appellohr die Aussage wahrnimmt. So schnell können Missverständnisse oder Konflikte in der zwischenmenschlichen Kommunikation geboren werden.

Wie du im Gehaltsverhandlungsgespräch die Informationen deines Verhandlungspartners wahrnimmst und für dich interpretierst, hat entscheidenden Einfluss auf den weiteren Gesprächsverlauf. Doch nicht nur unbewusste Vorannahmen oder Wahrnehmungsverzerrungen können deine Eindrücke beeinflussen. Auf der anderen Seite kann dein Vorgesetzter bewusst rhetorische Mittel einsetzen und aus taktischen Gründen einen Aspekt aus dem Kommunikationsquadrat besonders betonen oder hervorheben, um deine Position in der Verhandlung zu schwächen.

Auch Druck und Verhandlungstricks sind keine Seltenheit, →dunkle Rhetorik oder sogenannte Killerphrasen sind nur ein Mittel der Wahl. Die Kenntnis von Verhandlungstricks und -methoden ist nützlich, um zu erkennen, wann diese angewendet werden. Somit gehst du deinem Verhandlungspartner nicht auf den Leim und, noch besser, kannst diesen sogar mit seinen eigenen Waffen schlagen. Deshalb ist es von Vorteil, wenn du diese Themen einbeziehst und damit rechnest, dass Verhandlungstricks angewendet werden (können). Darauf gehe ich im Folgenden unter **Manipulation durchschauen und geschickt nutzen** und **»Killerphrasen« entkräften** noch näher ein.

Dass ich mir eine authentische, intelligente und wertschätzende Art der Kommunikation wünsche, kann ich nicht oft genug wiederholen. Als Chefin möchte ich doch gute und zufriedene Leute, die ich fordere und fördere, die ihre Ideen teilen, sich einbringen und über sich hinauswachsen können, wenn sie es wollen. Als Vertrieblerin möchte ich zufriedene Kunden, die sich gut aufgehoben und beraten fühlen, mich weiterempfehlen und langfristig bleiben, ohne daran zu denken, zur Konkurrenz zu wechseln. Als Mitarbeiterin möchte ich Vorgesetzte, die meine Leistung honorieren, meinen Wert für das Unternehmen erkennen und mich angemessen bezahlen. Und, mal unter uns: Als Chefin würde ich mich darüber freuen, wenn meine Mitarbeiterinnen zu mir kämen, für sich und ihre Leistungen einstünden und wüssten, was diese wert sind. Denn dann wüsste ich, dass sie gute Arbeit machen und weiterhin motiviert bleiben. Und das zahlt sich aus. Immer.

Genug geträumt, zurück zur Realität

Im Verhandlungskontext sprechen wir von bestimmten Techniken, die genutzt werden, um den Verhandlungspartner zu beeinflussen. Manchmal findet die Beeinflussung sehr deutlich und sichtbar statt. Häufiger jedoch wird eine verdeckte Einflussnahme des Verhandlungspartners angestrebt, um einen eigenen Vorteil zu erlangen. Und schon sind wir bei der Manipulation. Genau dieser Aspekt der verdeckten Einflussnahme verleiht dem Begriff seine negative Bedeutung, unter der er auch im Kontext der Psychologie, Soziologie und Politik genutzt wird. Im eigentlichen Wortsinn heißt Manipulation Handhabung oder Verfahren und wird so im technischen Umfeld auch noch verwendet.

Manipulation soll in Verhandlungen einen Zweck erfüllen. Im ersten Schritt geht es darum, die Position des Verhandlungspartners zu schwächen, um im zweiten Schritt das zuvor definierte und abgesteckte Verhandlungsziel zu erreichen. Wenn du dich an das Tableau, das Spannungsfeld, das aus der Beziehungs- und Sachebene gebildet wird, auf Seite 227 erinnerst und dich in die

Verhandlungssituation hineindenkst, dann soll der Einsatz von Manipulation einen Kompromiss, im besten Fall jedoch das komplette Nachgeben deinerseits, also eine »Lose-win-Lösung« aus deiner Sicht, erzielen.

Unfaires Spiel? Leider häufig an der Tagesordnung

Tatsächlich greifen Verhandlungsprofis hier und dort mitunter zu gemeinen Tricks. Im Verhandlungskontext gehören sie fast schon zum guten Ton und in Berufen im Vertrieb, im Einkauf oder in der Rechtsprechung wird das Anwenden von Verkaufs- oder Verhandlungstechniken (das klingt besser als Manipulation) gezielt geschult. Das Gemeine daran ist das scheinbar Verborgene. Denn unter Manipulation wird die Idee verstanden, dass wir unsere Entscheidungen nicht bewusst treffen, sondern durch geschickte und unterschwellige Beeinflussung durch Dritte zu diesen verleitet werden. Das hat einen Beigeschmack des Passiv-, des Ausgeliefertseins.

Um die Wirkungsweise von Manipulation besser zu verstehen, möchte ich dich im Folgenden zu einem thematischen Ausflug in die Funktionsweise unseres Denkens, so wie der aktuelle Forschungsstand sie begreift, einladen. Ob du danach eine andere Sichtweise auf Manipulation haben wirst?

Unser Denken macht es möglich: Tricks, Kniffe und Manipulation

Warum fürchten wir Beeinflussung und Manipulation? Weil sie gut funktionieren. Zu verdanken haben wir das der Art und Weise, wie wir denken. Sobald du Menschen in deinem Umfeld fragst, wie sie ihre Entscheidungen treffen, werden sie mit aller Wahrscheinlichkeit antworten, dass ihre Entscheidungen wohlüberlegt und unter

Abwägung aller Vor- und Nachteile, sämtlicher Informationen und natürlich rein rational erfolgen. Unser Kopf findet tausend Begründungen für eine Entscheidung, die unser System schon längst getroffen hat, ohne lange darüber nachzudenken, zu überlegen oder zu philosophieren. Wenn wir das wirklich täten, kämen wir womöglich morgens erst gar nicht aus dem Bett. Unser Verhalten, das unseren Entscheidungen folgt, unterliegt Automatismen, die sich über die Zeit fest eingeschliffen haben. Sie wurden und werden schnell und maßgeblich durch unsere Empfindungen gesteuert.

»Im Grunde ist unser Verstand nichts anderes als eine große, ausgeklügelte Marketingabteilung, die uns nachträglich die Rechtfertigung für Entscheidungen liefert, die unsere Gefühle im Vorfeld bereits getroffen haben.« So formuliert es der Denker und Philosoph Richard David Precht treffend.[59]

Unser Verhalten unterliegt nämlich gewissen Fehlurteilen und Wahrscheinlichkeiten, auch wenn wir meinen, eine Entscheidung rational hergeleitet zu haben. Dabei dient uns unser Verstand als Messinstrument, wir wägen innerhalb kurzer Zeit unter Einbeziehung der uns vorliegenden Informationen diverse Möglichkeiten ab und gleichen diese mit unseren Erfahrungswerten ab, eher wir eine Entscheidung treffen und danach handeln.

Und das geschieht wesentlich schneller, als wir denken
Denn wir nutzen mentale Abkürzungen, Vereinfachungen und Faustformeln, weil unser Gehirn dem Gesetz des geringsten Aufwands folgend möglichst wenig Energie verbrauchen soll. Diese Strategie wird in der Kognitionspsychologie →*Heuristik* genannt. Es ist eine Vorgehensweise, die wie ein Werk aus einfachen und effizienten Regeln funktioniert und durch evolutionäre Prozesse erlernt und gefestigt wurde. Dadurch kann mit einem begrenzt vorhandenen Wissen innerhalb kurzer Zeit eine Entscheidung und somit ein

Ergebnis erreicht werden. Infolgedessen kommt es zu kognitiven Verzerrungen. Diese Tendenz zu fehlerhafter oder unvollständiger Wahrnehmung und Beurteilung beim Denken und Erinnern geschieht unbewusst und führt beispielsweise zu automatischen Stereotypen. Die Kognitionspsychologie spricht auch von →*Unconscious Bias,* also unbewusster kognitiver Verzerrung.

Unsere blinden Flecken

Diese Bias kannst du dir wie neurophysiologisch gewachsene Muster in deinem und in den Köpfen der anderen Menschen vorstellen. Wir stecken die von uns wahrgenommene Welt in Schubladen, kategorisieren, weil wir ansonsten viel zu lange mit der Reizüberflutung an Information, die ständig über uns hereinbricht, beschäftigt wären. So können wir schneller reagieren. Unabhängig vom Geschlecht, von unserer Bildung, dem sozialen Status oder unserer Kultur sind diese Denkmuster im Lauf des Lebens anhand von Wahrnehmung, Erfahrungen und erlerntem Wissen ausgebildet und gefestigt worden. Nicht nur individuell, also bei dir und mir auf der persönlichen Ebene, sondern auch in Gruppen, Organisationen, Teams, Unternehmen und Gesellschaften finden wir tief verankerte Bias. Normen, Machtstrukturen und tradierte Rollenbilder mit festen Rollenerwartungen an Männer und Frauen sind Beispiele für institutionalisierte Bias, die sehr schwer aufzubrechen sind.

💡 Deine unbewussten Wahrnehmungs- und Entscheidungsfilter kannst du selbst überprüfen, indem du aufschreibst, was dir zu den folgenden Begriffen sofort einfällt, ohne lange darüber nachzudenken

- Karriere
- Beförderung
- Führungskraft

- Gehaltsverhandlung
- CEO

Deine Gedanken und Assoziationen formen ein ganz bestimmtes Bild zu diesen Begriffen. Doch in deinem Gehirn ist dieses Bild längst abgespeichert, du greifst darauf zurück. Es ist über die Zeit entstanden, gebildet aus der Quintessenz an Informationen aus eigener und überlieferter Erfahrung, aus Medien, Büchern, Filmen, Social Media und so weiter.

Wie sieht dein Bild zu den Begriffen aus?

Wir denken mit zwei Systemen und funktionieren noch wie zu Urzeiten

Auch in der Wirtschaftswissenschaft ist angekommen, dass das Konzept des Homo oeconomicus ausgedient hat.[60] Das Modell eines ausschließlich wirtschaftlich denkenden Menschen, der mit einer ausgeprägten Fähigkeit zu uneingeschränkt rationalem Verhalten ausgestattet ist, nach Nutzen- oder Gewinnmaximierung strebt und über lückenlose Informationen über alle Entscheidungsalternativen und deren Konsequenzen verfügt, liegt der klassischen und neoklassischen Wirtschaftstheorie zugrunde. Unrealistisch, dieses Modell. Aus dem Teilgebiet der Wirtschaftswissenschaften, der →*Verhaltensökonomik,* ist längst bekannt, dass die Vorstellung, unser Entscheidungsverhalten unterläge rein rationaler Abwägung, als überholt gilt.

Das konnten der Nobelpreisträger Daniel Kahneman und sein Kollege Amos Tversky in unzähligen Versuchen zeigen. In seinem Werk *Schnelles Denken, langsames Denken*[61] beschreibt Daniel Kahneman eindrucksvoll die Erkenntnisse ihrer jahrzehntelangen, teilweise gemeinsamen Forschung. Das Zusammenspiel zweier unterschiedlicher Arten des Denkens, die unseren Urteilen und Entscheidungen zugrunde liegen, prägt unsere Denkweise. Diese beiden Arten des Denkens ordnet Daniel Kahneman in System 1 und System 2 ein, um das Ganze greifbarer zu machen. Natürlich können wir nicht von zwei voneinander getrennten Systemen ausgehen, die wie Schubladen in unserem Kopf auf- und zugehen, es ist vielmehr sinnbildlich zu verstehen.

System 1 resultiert aus unserer evolutionären Vergangenheit und ermöglicht uns ein blitzschnelles Handeln. Es ist funktional, dient dem Überleben in brenzligen Situationen und erfolgt impulsiv, automatisch und intuitiv. Vielleicht hast du auch schon von dem Begriff der Kampf-oder-Flucht-Reaktion (»Fight or Flight Response«) gehört, der dieses evolutionsbiologisch gewachsene Überlebensprinzip auf der neurophysiologischen Ebene beschreibt.[62] Das bekannte Bild der Gefahrensituation ist die berühmt-berüchtigte Säbelzahnkatze, die unseren urzeitlichen Vorfahren auflauerte und laut geologisch jüngstem Fund aus der Nordsee noch bis vor 28.000 Jahren in Europa auf Beutezug war.[63] Tauchte sie auf, musste es blitzschnell gehen: Innerhalb von Millisekunden orchestriert unser entwicklungsgeschichtlich ältester Gehirnteil, der Hirnstamm, gemeinsam mit dem limbischen System und dessen Mitspielern Thalamus (erste Verarbeitung von Sinneseindrücken), Amygdala (speichert und löst unsere Emotionen aus) und Hypothalamus (Kontrolle der vegetativen Funktionen und Steuerung vieler Hormone) das Zusammenspiel aus psychoorganischen Mechanismen und Signalen, die über die Datenautobahn des vegetativen Nervensystems durch unseren Körper gejagt werden. Schon im Augenblick der Schrecksekunde haben wir einen beschleunigten Herzschlag, eine schnellere und flachere Atmung, die Ausschüttung der Stresshormone Adrenalin und Noradrenalin versorgt uns mit mehr Energie, unsere Muskelspannung erhöht sich und für den Fall einer Verletzung sind wir mit einer erhöhten Blutgerinnungsneigung ausgestattet.

Der Begriff der Kampf-oder-Flucht-Reaktion wurde vom Physiologen Walter Cannon geprägt, hauptsächlich bei männlichen Lebewesen beobachtet und lange Zeit als das prototypische Verhalten in Stresssituationen verstanden. Deshalb wurden die typischen Stressreaktionen von Männern in der Forschung stark fokussiert und Ende der Achtzigerjahre des letzten Jahrhunderts durch den Psychologen Jeffrey Gray um weitere Phasen, wie die Phase der erhöhten Aufmerksamkeit, der Furcht und des muskulären Erstarrens, des Sich-tot-Stellens (»Freeze«), erweitert. Das Verhaltensrepertoire in Bedrohungssituationen kann aber auch anders aussehen, wie die Psychologin Shelley E. Taylor und andere Forschende im Jahr 2000 zeigten. Nach ihrer Theorie suchen weibliche Lebewesen in Gefahrensituationen Schutz, indem sie sich einer Gruppe anschließen, sich mit den Umständen arrangieren und ihre Freundschaft anbieten, die »Tend-and-befriend-Reaktion«.[64] Die erhöhte Ausschüttung des Neurotransmitters Oxytocin wirkt beruhigend, prosozial und verstärkt die Fähigkeit zur Empathie und Vertrauensbildung. Das Stresshormon Cortisol wird gleichzeitig reduziert. Gerade weibliche Lebewesen haben aufgrund ihrer meist körperlichen Unterlegenheit keine Chance, sich auf einen Kampf oder eine Flucht einzulassen. Also mussten sie andere Überlebensstrategien entwickeln.

Autobahnen und Muster im Kopf

Vereinfacht und verkürzt: Unter System 1 kannst du dir alles vorstellen, was in dir unbewusst, ohne willentliche Steuerung und weitestgehend mühelos als Wahrnehmung deiner Wirklichkeit passiert. Dazu gehören Eindrücke, Gefühle, Emotionen. Aber auch Fähigkeiten, die über Jahre erlernt und durch Übung automatisiert worden sind, sind System-1-Aufgaben, also etwa, wenn du ein Wort in der eigenen Muttersprache liest, die Aufgabe »3 + 3« rechnest oder Rad oder Auto fährst (für die Enthusiasten auf diesem Gebiet). Diese Aufgaben gleichen einer passiven Erfahrung, denn das Wissen, das hier schnell und ohne Anstrengung abgerufen wird, ist in deinem Langzeitgedächtnis abgespeichert. Stelle dir dazu das Bild einer Autobahn vor: Es geht um Schnelligkeit, Vorankommen, Zielerreichung. Diese Autobahn in deinem Kopf entsteht dadurch, dass du beim Nachdenken über eine Sache, einen Prozess oder ein Ereignis einen speziellen Weg in deinem Gedächtnis gehst. Je häufiger du diesen Weg gehst beziehungsweise denkst, desto mehr entwickelt sich der einstige Trampelpfad in deinem Kopf zu einer Schnellstraße. Diese besteht aus physisch gewachsenen Verbindungen aus Neuronen und Synapsen. Dieses Gebilde aus über die Zeit immer wieder genutzten, durch dieselben Synapsen (Axone und Dendriten) stark miteinander verbundenen Neuronen (das sind unsere Speicherchips von Information und Emotion) wächst zu einem Denkmuster zusammen, das du in ähnlichen Situationen wieder abrufst. Somit gleichst du – unbewusst – Situationen und Ereignisse mit deinen bereits abgespeicherten Erfahrungen und Emotionen, die das Modell deiner persönlichen Welt repräsentieren, ab. Du interpretierst dadurch Gegenwärtiges und projizierst gleichzeitig deine Erwartungen in die Zukunft. Und da es mehr kognitiver Energie bedarf, anders oder neu zu denken, fallen wir unbewusst immer wieder in die gleichen, für uns gewohnten Denkmuster.

Wenn du die Rechenaufgabe »13 x 27« lösen sollst, dann kommt System 2 ins Spiel. Hier ist keine Datenautobahn, zumindest nicht in meinem Kopf, vorhanden, schade eigentlich! Genauso verhält es sich mit unbekannten Situationen und Aufgaben, die uns zum Beispiel bei der Arbeit herausfordern. Hier geht es nicht um das nackte Überleben, denn wir sind in der Regel nicht in Lebensgefahr, wenn wir unseren Job machen, mal abgesehen von Ausnahmen, wie die Arbeit bei einem Feuerwehreinsatz.

Zurück zur Manipulation

Was denkst du, wo setzt der Wirkmechanismus von Manipulation an? In System 1 oder in System 2? Richtig, in System 1, denn wir haben ja erfahren, dass System 1 über unbewusst ablaufende Automatismen in unseren Köpfen gesteuert wird und ohne großen Energieaufwand funktioniert.

Wenn du einmal einen normalen Alltag Revue passieren lässt, was glaubst du, wo unterliegst du überall Beeinflussungen durch Manipulation? In der Werbung, das liegt auf der Hand, werden wir beeinflusst, denn wir sollen bestimmte Produkte kaufen, mit denen wir uns »besser fühlen«, das »einzig Wahre spüren« und »Freiheit erleben«. Auch die Medienberichterstattung, Filme, Kunst und Literatur arbeiten mit Wirkmitteln der Beeinflussung, allein schon dadurch, dass ein gewisser Fokus gesetzt und ein Ausschnitt der Wirklichkeit präsentiert wird. Bestimmte Informationen werden in den Vordergrund gerückt und andere weggelassen, somit wirst du in deiner Wahrnehmung gelenkt und beeinflusst.

Ein Gang durch den Supermarkt macht dies ebenfalls deutlich. Die teureren Produkte sind in den Regalen auf Augenhöhe platziert, die günstigeren Artikel findest du in den unteren Reihen. Bestimmte Sonderaktionen werden gezielt platziert, um den Absatz zu erhöhen. Ein bekanntes Beispiel aus dem Marketing ist die künstliche Verknappung »Jetzt nur noch für kurze Zeit!«. Dazu gibt es aus der psychologischen Forschung etliche Studien, die zeigen, wie unsere Wahrnehmung gesteuert und beeinflusst wird.[65] Der Onlinehandel und Social Media machen sich Manipulationstechniken zunutze. Durch Bewertungen wird unser Belohnungssystem im Gehirn angeregt, weil wir Aufmerksamkeit erlangen, die uns wiederum ein Gefühl der Zugehörigkeit vermittelt (Punkte, Likes, Kommentare). Und da wir uns, auch das ist seit Urzeiten in unserem Stammhirn abgespeichert, sicherer in der Gruppe fühlen, glauben wir eher gleichgesinnten Menschen: vertrauen der Schwarm-intelligenz der Gruppe in unserer →*Filterblase* und schenken den geschickt platzierten Bewertungen oder Produktempfehlungen »Andere kauften auch« automatisch mehr Aufmerksamkeit.

Heuristiken und Bias mit Relevanz für deine Verhandlungen

Die bereits erwähnten mentalen Abkürzungen, Vereinfachungen und Faustformeln, die unser Gehirn über die Strategie der →*Heuristik* nutzt, erfolgen unbewusst und automatisch. Deshalb verleiten sie zu vorschnellen Entscheidungen, die sich zu unserem Nachteil auswirken können. Wenn du die wichtigsten Mechanismen kennst, kannst du in der Verhandlungssituation souveräner damit umgehen, auch wenn dein Gegenüber diese →*Heuristiken* gezielt einsetzt.

Im Folgenden findest du eine Auswahl.

- **Ankereffekt:** Tendenz, sich unbewusst von einem Referenzpunkt (dem »Anker«) bei der Entscheidungsfindung beeinflussen zu lassen. Der Anker ist die erste Information, die aufgenommen und verarbeitet wird. Deshalb wirst du im Vorstellungsgespräch nach deinem niedrigsten Einstiegsgehalt gefragt. Nenne, wie bereits erwähnt, nie dein Minimal-, sondern mindestens dein Alternativ- oder sogar dein Maximalziel. Das gilt auch für spätere Gehaltsverhandlungen: Lasse dich nicht durch einen besonders niedrigen Anker herunterhandeln und abschrecken, bleibe bei deiner Argumentation.
- **Autoritätsverzerrung:** Tendenz, der Äußerung einer Autoritätsperson mehr Bedeutung, Richtigkeit beizumessen und sich davon beeinflussen zu lassen. Das kann dazu führen, dass du es in deinen Gesprächen, Verhandlungen, Meetings mit dem Vorgesetzten nicht wagst, konstruktive Kritik anzubringen. Infolgedessen wirst du möglicherweise als nicht ernst zu nehmende Gesprächspartnerin wahrgenommen.

- **Confirmation Bias oder Bestätigungsfehler:** Tendenz, die Information auszuwählen und zu verarbeiten, die die eigenen Erwartungen erfüllt. Stereotype, selbsterfüllende Prophezeiungen sind die Folge. Je mehr über ein Thema bekannt ist, desto schneller wird auf die dazu im Gehirn gespeicherten Inhalte zugegriffen. Es verfestigt sich ein Denkmuster zu dem Thema, das uns nur schwer neue oder konträre Informationen dazu verarbeiten und akzeptieren lässt. Die Information, die das eigene Weltbild bestätigt, wird bevorzugt verarbeitet und wahrgenommen. Deshalb ist das Phänomen der →*Filterblase* oder Echokammer im Internet so wirkmächtig.

- **Gender Bias:** Verzerrte Wahrnehmung durch geschlechtsbezogene Vorurteile und Stereotype. Die ungleiche Behandlung oder Interpretation bei gleicher Verhaltensweise findet oft bei Auswahl- oder Aufstiegsprozessen statt. Ein alltägliches Beispiel: Der männliche Kollege, der früher nach Hause geht, um sein Kind vom Fußball abzuholen, wird als »verantwortungsvoller Familienvater« gefeiert, während die Kollegin in einem solchen Fall »schlecht organisiert« oder ihr »die Familie wichtiger als der Job« ist. Auch wenn wir die Welt gern anders hätten, mache dir das zunutze und drehe den Spieß um: Du hast einen ganz dringenden Außer-Haus-Termin, ein wichtiges Netzwerktreffen oder eine Fortbildung, weshalb du früher in den Feierabend gehst. Manchmal braucht es ein paar Tricks, bis diese Dinge sich ändern.

- **Haloeffekt:** Eine erstgenannte oder zuerst wahrgenommene Eigenschaft überstrahlt alles Weitere, ohne dass es dazu weitere Anhaltspunkte gäbe. Der Effekt der physischen Attraktivität ist oft belegt worden. Attraktive Personen werden eher als intelligent, gesellig, dominant beurteilt. Wenn du dich vorstellst, versuche am Anfang eine interessante, herausragende Eigenschaft oder Kenntnis, die dich beschreibt, zu nennen. Diese überstrahlt die weiteren Punkte und wird deinem Gesprächspartner eher im Gedächtnis bleiben.

- **Primäreffekt:** Die zuerst wahrgenommene Information bleibt neben der zuletzt aufgenommenen Information (Rezenzeffekt) am besten in Erinnerung. »Der erste Eindruck zählt, der letzte bleibt« habe ich dazu in Vertriebsschulungen gelernt. Für deine Gespräche heißt das: bitte auf einen guten ersten Eindruck achten, und das fängt noch vor der Begrüßung an.

- **Rezenzeffekt:** Die zuletzt aufgenommene Information wird stärker im Gedächtnis verankert und ist deshalb leichter verfügbar. Dazu rate ich meinen Klientinnen, das beste Argument für ihre Gehaltsanpassung zum Schluss auf den Tisch zu legen, wie das berühmte Ass im Ärmel. Das zweit- oder drittbeste Argument kommt an den Anfang, dort wirkt es über den Primäreffekt.

- **Verfügbarkeitsheuristik:** eine Art Wahrscheinlichkeitsrechnung, nach der wir davon ausgehen, dass Ereignisse eher eintreffen, wenn wir dazu mehr Beispiele kennen, an die wir uns erinnern. Wenn du dich mehr an schlechte Erfahrungen in Bewerbungs- oder Gehaltsgesprächen erinnerst als an gute, gehst du auch im nächsten Gespräch davon aus, dass es negativ verläuft. Dadurch beeinflusst du unbewusst schon den Gesprächsverlauf. Die Wahrscheinlichkeit, dass es gut läuft, ist immer dieselbe: 50 Prozent. Nach der Lektüre dieses Buches liegt sie viel höher, nichts anderes werde ich erwarten!

- **Verlustaversion:** Tendenz, das Vermeiden von Verlusten höher zu gewichten als das Erzielen von Gewinnen. Aus der Anlageberatung und dem Vertrieb mir bestens bekannt. Dazu beobachte ich, dass die Angst vor Verlusten oder einem Nein regelrecht lähmt. Lieber Null- oder Minizinsen als »gefährliche Aktien«, gar nicht erst fragen, der Kunde könnte Nein sagen. In Gehaltsverhandlungen und Vorstellungsgesprächen das Gleiche: Es wird nicht nach mehr Gehalt gefragt, weil die Angst vor der negativen Antwort überwiegt.

Rückschlüsse auf unser Verhalten in der Verhandlungssituation

Wenn ich mir die evolutionsbiologisch über einen sehr langen Zeitraum entwickelten und in unserem Stammhirn tief verankerten Überlebensmechanismen anschaue, dann kann ich mir so manches Verhalten erklären. Und ich möchte dazu meine Überlegungen mit dir teilen:

- Liegen die Wurzeln der häufig beobachteten Verhaltensmuster von Frauen in ihren evolutionsbiologisch angelegten Überlebensstrategien, sind sie soziokulturell geprägt, oder ist es eine Mischung aus beidem?

- Ist die »Tend-and-befriend-Reaktion« die Erklärung dafür, dass wir Frauen uns eher im →*horizontalen Sprachsystem* bewegen, uns also Verbündete suchen und das hierarchisch orientierte →*vertikale Sprachsystem* eher meiden? (Darauf bin ich in Kapitel 8 unter **Werde laut und sichtbar! Warum PR in eigener Sache sinnvoll ist** eingegangen)

- Ist die Tendenz, dass wir Frauen in Stresssituationen eher den Wettbewerb meiden, wie eine Studie des Max-Planck-Instituts in Zusammenarbeit mit den Universitäten Prag und London aus dem Jahr 2019 zeigt,[66] eine Bestätigung für dieses tief verankerte Verhalten der »Tend-and-befriend-Reaktion«?

- Sind wir Frauen in Vorstellungsgesprächen und bei Gehaltsverhandlungen zurückhaltender, weil wir meinen, einem tradierten Rollenmuster (→*Unconscious Bias*) entsprechen zu müssen?

- Bedeutet das, dass eine direkt und forsch ausgesprochene Gegenargumentation unseres Gesprächspartners uns auf der persönlichen Ebene so stark trifft, weil wir nicht gelernt haben, in die Auseinandersetzung zu gehen?

- Und beginnen wir konsequenterweise damit, kooperativer zu werden, uns zu verbünden, freundlicher und weicher zu werden, weil unser Gehirn verstärkt den Botenstoff Oxytocin ausschüttet (»Tend-and-befriend-Reaktion«)?
- Führt diese Stressreaktion im Weiteren dazu, dass uns die Argumente ausgehen, es uns komplett die Sprache verschlägt und wir verstummen (»Freeze«)?

Fazit zu unserem Denken: Die Reize, die unmittelbar in einer Gefahrensituation auf uns einströmen, werden abgefangen und bewirken sofort die überlebensnotwendigen Körperreaktionen, noch bevor unsere Großhirnrinde, unser Denkhirn, überhaupt mit dem Rechnen begonnen hat. Erst hier setzt das Kahneman'sche System 2 mit dem Analysieren, rationalen Abwägen, Überlegen, der Selbstkontrolle, Fokussierung und bewussten Entscheidung an. Diese kognitive Anstrengung verbraucht mehr Energie. Hier finden mühevolle mentale Aktivitäten und komplexe Berechnungen statt, und laut Daniel Kahneman setzt hier das subjektive Erleben von Handlungsmacht, Entscheidungsfreiheit und Konzentration an.

Die Säbelzahnkatze lauert heute im Gewand der Gehaltsverhandlung

Da du nicht jeden Tag Verhandlungen, schon gar nicht Gehaltsverhandlungen führst, ist diese Situation erst mal neu für dich. Es ist wichtig und geht um deine Leistung, deine Bezahlung. Die Gefahr der archaischen Säbelzahnkatze kommt im Gewand der Gehaltsverhandlung daher. Dein Gehirn weiß aber nur: Gefahr droht! Das bedeutet puren Stress, und dein Gehirn spult zunächst sein Urprogramm »Alarm«, so möchte ich es mal nennen, ab. Indem du dir jetzt aber dessen bewusst bist, kannst du wesentlich entspannter damit umgehen. Du kannst dich darauf einstellen, dass folgende Körperreaktionen auftreten können:

- schnellerer Puls, Herzklopfen gefühlt bis zum Hals
- flacherer Atem
- feuchte Hände
- weiche Knie
- innere Unruhe
- Anspannung
- Leere im Kopf

Im Vorfeld kannst du dich auf solche Situationen vorbereiten. Indem du versuchst, ganz bewusst in den Bauch zu atmen, wirst du feststellen, dass du insgesamt entspannst und ruhiger wirst. Probiere, dich in eine Situation hineinzudenken, in der du entspannt, ruhig und zufrieden warst, und rufe dir die dazu abgespeicherten Bilder und Sinneseindrücke ab. Das kannst du im Alltag immer wieder üben, dann wird es zum Automatismus, den du in stressigen Situationen abrufen kannst. Du weißt ja jetzt, wie das mit den Feldwegen im Kopf, die zu Autobahnen werden, funktioniert: immer wieder in denselben Schemata denken.

In der Verhandlungssituation kann dir helfen, dass du dir vorstellst, dass keine Gefahr lauert, die Säbelzahnkatze ist weit, weit weg, du bist top vorbereitet, und du kannst nichts verlieren, nur gewinnen. Mache innerlich die Tür zu deinem System 1 hinter dir zu und gehe ins System 2. Erlaube dir, dir für deine Reaktionen Zeit zu nehmen. Du kennst deine Ausgangslage, deinen Plan B, deine Ziele. Fokussiere dich auf deine fundierte Vorbereitung und deine sauber ausgearbeitete Strategie. Lasse die Gegenangriffe in Form von Manipulationsversuchen, Tricks und »Killerphrasen« an dir vorbeiziehen. Dazu gleich mehr.

Manipulation durchschauen und geschickt nutzen

Willkommen im Club der unverschämten Bemerkungen und dreisten Verhaltensweisen in Gesprächssituationen. Dabei spielt es keine Rolle, um welche Art von Gespräch es sich handelt, welches Gesprächsthema angesetzt ist und ob es ein Bewerbungs-, Mitarbeiteroder Verhandlungsgespräch ist. Es geht um das Ausspielen von Macht in der Gesprächssituation. Die mir bekannten Erfahrungen und Erlebnisse verlangen fast schon nach einem eigenen Buch!

Im Folgenden möchte ich auf die Wirkung eingehen, die unangenehme oder unangebrachte Kommunikation und Verhaltensweisen emotional auf der persönlichen Ebene hervorrufen können. Du findest unterschiedliche Szenarien und Geschichten, anhand derer wir uns typische Verhandlungstricks anschauen. Das können verbale Beleidigungen, nonverbale Provokationen bis hin zu physischer Beeinflussung sein. Manipulation in Reinform. Ich möchte dich dafür sensibilisieren, dass Verhandlungstricks und Kniffe regelmäßig angewendet werden. Wenn du diese Techniken auch nur ansatzweise erkennst, wirst du eine sichere Basis in deinen Verhandlungsgesprächen haben und geschickt darauf reagieren können, ohne Schwäche zu zeigen. Machst du dir darüber hinaus bewährte Verhandlungstechniken zu eigen, kannst du Verhandlungen zu deinem Vorteil beeinflussen.

Du wirst erfahren, wie du in solchen Situationen deine Position wahren und dich abgrenzen kannst. Dann wirst du nicht Gefahr laufen, diese Erfahrungen allzu persönlich zu nehmen und sie in deinem System zu verankern. Denn Letzteres wird dazu führen, dass du diese abgespeicherten Erinnerungen in weiteren Gesprächen unbewusst wieder abrufst und dich dadurch in deiner Position aufs Neue geschwächt fühlst. Stichwort: Verfügbarkeitsheuristik (siehe Seite 245).

Auch wenn ich der Meinung bin und gern wiederhole, dass eine wertschätzende Kommunikation auf Augenhöhe stattfinden und ohne suggestive Beeinflussung oder andere Tricks und Spielchen auskommen sollte, spricht die Welt in vielen Unternehmen und Organisationen eine andere Sprache.

Verhandlungstrick: Machtspielchen

Vom Volkslied auf dem Stuhl

Ich werde nie die Geschichte einer Frau, Ende vierzig und mit langjähriger Berufserfahrung, vergessen. Sie erzählte mir am Rand eines Vortrags von ihrem letzten Bewerbungsgespräch. Und ich konnte schon fast nachempfinden, wie sie sich in der Situation gefühlt haben muss. Sie beschrieb mir den riesigen, grau gestrichenen Raum, in den sie gebeten worden war. Sie sah die Tischreihe mit den bereits besetzten Plätzen und den einzelnen Stuhl, der etwa drei Meter vor der Tischreihe mitten im Raum und ohne Tisch platziert war. Als sie auf ihrem Stuhl vor dieser versammelten »Armada« von zehn Personen (acht Männer, zwei Frauen) Platz nahm, kam sie sich schon fast wie in einer Verhörsituation vor. Mitten im Bewerbungsgespräch wurde sie dann von der Person, die sich offensichtlich als »Rudelführer« begriff und vor Selbstgefälligkeit nur so strotzte, gebeten, sich auf ihren Stuhl zu stellen und laut ein Volkslied zu singen. Ja, du hast richtig gelesen!

Nein, sie ist nicht auf den Stuhl gestiegen. Aber sie hat zuerst versucht, ein Lied anzustimmen, und kam sich nach wenigen Sekunden, die ihr wie Stunden vorkamen, wie im falschen Film vor. Noch immer fühlt sich die Erinnerung an diese Situation für sie unangenehm an. Ich habe es nicht glauben wollen.

Hierzu habe ich Fragen:
- Was erzählt mir diese Erfahrung über das Unternehmen?
- Was sagt sie über die Führungs- und Kommunikationskultur in dieser Firma aus?
- Was sagt das Verhalten des Gesprächsführers über dessen Rollenverständnis und über ihn als Mensch aus?

Im nächsten Schritt denke ich:
- Möchte ich in einem Unternehmen arbeiten, in dem Bewerberinnen so vorgeführt werden?
- Wenn es im Bewerbungsgespräch zu so einer Situation kommt, wie wird das Arbeitsklima sein?
- Und natürlich denke ich: Wie hätte ich wohl reagiert?

Was sind deine Gedanken dazu? Wie hättest du reagiert? Hast du ähnliche Erfahrungen gemacht oder davon gehört? Schreibe mir gern, ich bin auf deine Geschichte gespannt.

Verhandlungstrick: Unterste Schublade

> »Mein Chef sagte ganz lapidar zu mir, dass ich ja im gebärfähigen Alter sei, und wenn er mir jetzt mehr Gehalt zahlen würde, dann würde sich das für die Firma nicht lohnen, da ich bald bestimmt weg wäre.«
>
> Aminata S., 28, Grafikerin

Da fehlen mir fast die Worte, dennoch habe ich Fragen:
- Was verrät mir das Verhalten des Chefs über seinen Führungsstil?
- Das geht doch in Richtung Diskriminierung!

- Scheut der Chef die sachliche Auseinandersetzung, wenn es um mehr Gehalt geht?
- Und: Möchte ich für einen solchen Vorgesetzten arbeiten?

Was die Mitarbeiterin tun kann:
- klarstellen, dass sie auf dieser Ebene nicht diskutieren möchte
- nachfragen, ob etwas mit den eigenen Leistungen nicht stimmt
- auf die eigene Forderung nach einer Gehaltsanpassung zurückkommen
- einen Termin mit dem oder der Vorgesetzten ihres Chefs vereinbaren, die Situation schildern und Konsequenzen fordern, falls es eine übergeordnete Ebene gibt (Gehaltsanpassung, rechtliche Schritte prüfen, weil sie sich eindeutig diskriminiert fühlt)
- sich vertrauensvoll an andere Ansprechpartner im Haus wenden
- sich überlegen, wie sie grundsätzlich mit dieser Erfahrung umgehen möchte

Verhandlungstrick: Abwertung von Kompetenz oder Leistung

»Das ist doch heute nix Besonderes mehr!«

So weit die betont missbilligend geäußerte Reaktion des Gesprächspartners meiner Klientin Tina. Sie gingen ihren Lebenslauf durch. Ihr Auslandsaufenthalt im asiatischen Raum inklusive Praxiserfahrung in wichtigen Partnerbetrieben des Unternehmens und ihre Fremdsprachenkenntnisse schienen ihn nicht zu beeindrucken. Stattdessen stellte er naserümpfend weitere Fragen. Er war ihr (künftiger) Chef, der zu diesem Zeitpunkt das zweite Gespräch mit ihr führte. Sie hatte die erste Hürde im Bewerbungsprozess bereits überwunden, und nun fühlte ihr künftiger direkter Vorgesetzter ihr auf den Zahn.

In diesem Augenblick jedoch war ihre gute Vorbereitung auf dieses Gespräch komplett verflogen. Sie wusste auf die weiteren Fragen kaum noch »irgendetwas Vernünftiges von sich zu geben«, wie sie mir berichtete. Nach diesem für sie unangenehmen Interview verabschiedete sich der Herr noch, indem er ihr, sie waren inzwischen im Flur in Richtung Gebäudeausgang unterwegs, zurief: »Ach, über das Gehalt haben wir noch gar nicht gesprochen, was wollen Sie denn hier verdienen?« Sie fand keine Worte mehr, ihr Hals war wie zugeschnürt. Dann raunte er ihr zu: »Ach, das klären wir noch. Sie hören dann von uns.«

Mit dieser Erfahrung im Nacken meldete sich Tina bei mir. Sie wollte wissen, wie sie eine passende Gehaltsvorstellung ableiten sollte, und fragte nach einer klugen und sie im weiteren Bewerbungsprozess unterstützenden Strategie. Die Stelle reizte sie. Trotz dieser Gesprächserfahrung wollte sie versuchen, sie zu ergattern. Ihr Ehrgeiz war geweckt.

Nachdem wir ihre negative Erfahrung aufgearbeitet hatten, konnte sie ihre Gedanken sortieren. Wir entwickelten eine pfiffige Strategie und eine treffende Argumentationskette, mithilfe derer sie ihren Gehaltswunsch platzieren konnte. Sie ging mit ihrem Maximalziel ins Rennen (wir rechneten einen Verhandlungsspielraum mit ein) und konnte im Verhandlungsprozess ein Gehalt für sich verhandeln, das über ihrem Alternativziel lag und somit mehr als in Ordnung für sie war.

Notizen zur Geschichte:

- Der Gesprächspartner vermittelt den Eindruck, dass er seine Gesprächspartnerin nicht ernst nimmt und ihrer Kompetenz wenig Wert beimisst.
- Dadurch schwächt er ihre Position.

- Die Bewerberin nimmt seine Aussage persönlich, sie hört auf ihrem Beziehungsohr und sieht sich als der schwächere Part im Gespräch.
- Sie fühlt sich verletzt und versucht nicht, ihre Position zu verteidigen, sondern zieht sich aus der Situation zurück.
- Sie findet keine Worte mehr, gibt ihrem Gesprächspartner dadurch aus seiner Sicht Recht in seiner Annahme, dass ihre interkulturelle Kompetenz, ihre Auslandserfahrung und Fremdsprachenkenntnisse nichts wert seien.
- Ihr Gesprächspartner fühlt sich in seiner Position bestärkt und kann fortan das Gespräch zu seinen Gunsten beeinflussen.

Ziel: Verunsicherung

Blicken wir von außen, von der Metaebene, auf die drei vorhergehenden Gespräche: In beiden Bewerbungsgesprächen und in der Gehaltsverhandlungssituation passiert das Gleiche. Die Position des Mächtigeren in der sozialen Rolle des Arbeitgebers, Chefs, Vorgesetzten wird knallhart ausgespielt. Die Position der Bewerberin oder Mitarbeiterin wird durch die Art und Weise der Kommunikation geschwächt. Und das scheint das Ziel hinter dem gewählten Umgangston zu sein. Das ist nicht die feine englische Art. Was ist das verborgene Motiv hinter dieser Verhaltensweise? In welche Richtung soll die Gesprächspartnerin beeinflusst werden?

Im Fall der Bewerbungen sehe ich mit gutem Willen eine Art Stresstest. Es wird abgefragt, wie die Bewerberinnen mit außergewöhnlichen Situationen oder Verhaltensweisen umgehen, um daraus Rückschlüsse auf ihre Arbeitsweise zu ziehen. Ich ziehe eher negative Rückschlüsse auf die Unternehmenskultur beider Firmen.

Im Fall der Gehaltsverhandlung spricht wenig für das Verhandlungsgeschick des Vorgesetzten. Eher gewinne ich den Eindruck, dass dieser eine höchst unprofessionelle Ausrede wählt. Die

Gründe dafür? Entweder er weiß sich in dieser Situation nicht anders zu helfen, scheut selbst die Auseinandersetzung in der Verhandlung, oder er nimmt seine Mitarbeiterin nicht ernst. Will er sie in ihre Schranken weisen, sodass sie kein zweites Mal nach mehr Gehalt fragen wird? Definitiv wählt er hier eine unglückliche Lösung, um seine Machtposition auszuspielen, um mal höflich zu bleiben.

👍 Die eigene Position wahren

Was kannst du tun, wenn du dich mitten in der Gesprächssituation mit solchen oder ähnlichen Aussagen und Verhaltensweisen konfrontiert siehst?

- Dein System 1 springt auf das Urprogramm »Alarm«: Versuche, deine Reaktionen auf der neurophysiologischen Ebene bewusst wahrzunehmen.
- Bleibe ruhig, und was immer hilft: Zähle innerlich bis drei.
- Erlaube dir, nicht sofort zu antworten oder zu reagieren, nutze die Kraft des Schweigens.
- Versuche, dein Beziehungsohr auf stumm zu schalten.
- Versuche bewusst, in dein System 2 zu gehen, und mache dir klar: »Ich lasse nicht zu, dass mich die Aussagen persönlich treffen, ich durchschaue diesen faulen Trick.«
- Nimm den reinen Sachinhalt der Aussage deines Gesprächspartners wahr.
- Überlege, ob deinem Gesprächspartner vielleicht Informationen fehlen oder er schlicht etwas übersehen hat.
- Frage nach, wie du an deinen Leistungen arbeiten kannst, was konkret fehlt, wo Fragen offen sind.
- Versuche, »den Ball« auf der Sachebene zurückzuspielen.

Verhandlungstrick: Verweis auf andere

In einem ersten Gespräch mit der oder dem Vorgesetzten kannst du über deine Mehrleistung, das Erreichen beziehungsweise Übertreffen der vereinbarten Ziele sprechen.

Bleibt er oder sie hartnäckig bei der Ausrede, dass nicht er oder sie, sondern »nur HR über eine Gehaltserhöhung entscheidet« (gern gewählte Standardausrede in größeren Organisationen oder Konzernen) oder das Ganze »mit dem eigenen Vorgesetzten abgestimmt werden muss«, dann kann dir folgende Idee helfen:

Versuche einen Perspektivwechsel. Es soll Vorgesetzte geben, die selbst ungern verhandeln und solche Situationen scheuen. Dann gibt es Menschen in entsprechenden Positionen, die Angst davor haben, dass man an ihrem Stuhl sägt. Sie könnten ein Interesse daran haben, dass du keinen Erfolg bei deiner Gehaltserhöhung und Weiterentwicklung im Unternehmen hast. Das zeugt von ihrer Unsicherheit und bezieht sich nicht auf deine Leistung.

Zerstreue diese Bedenken, indem du dich über deinen Vorgesetzten informierst und gleichzeitig einen Ausblick auf deine Ziele im Unternehmen gibst.

Folgende Überlegungen können dir dabei helfen:

- Was bewegt ihn oder sie gerade?
- Vor welchen Herausforderungen steht er oder sie mit der Abteilung?
- Was könnte sein oder ihr Ziel in der Organisation sein?
- Was ist dein eigenes Ziel innerhalb deiner Abteilung und in der Organisation?
- Wie könnt ihr als Team dieses Ziel erreichen?
- Warum ist gerade deine Expertise hierzu gefragt?
- Wie kannst du deine Vorgesetzte davon überzeugen, dass ihr im selben Boot sitzt und keine Gefahr besteht, dass du an ihrem Stuhl sägst?

Betone, dass es darum geht, gemeinsam Ziele zu erreichen. Weise darauf hin, dass gute, mitdenkende Menschen an Bord gebraucht werden und es nicht darum geht, hier »irgendwo links oder rechts vorbeizuziehen«, sondern »ihr in einem Boot sitzt«. Wichtig ist, dass du zulässt, dass sich euer Gespräch zu einer Auseinandersetzung auf Augenhöhe entwickelt, ohne dass einer von euch das Gesicht verliert.

Verhandlungstrick: Raumklima und Körpersprache

Das Blendwerk

Marla erzählte mir von einem Gespräch mit ihrem Vorgesetzten, dem Inhaber eines mittelständischen Unternehmens, in dem sie beschäftigt war. Ziel des Gesprächs: Ihre Weiterentwicklung im Unternehmen und eine Gehaltsanpassung, die sie durchsetzen wollte.

Ihr Chef war so ein »typischer Patriarch alter Schule«, wie sie sagte. Als sie sein riesiges Büro zum anberaumten Termin betrat, hatte er es sich bereits hinter seinem barocken Schreibtisch bequem gemacht. »Es fehlten nur noch die Zigarre und das Whiskeyglas«, sagte Marla, »dann wäre es die perfekte Filmszene gewesen.« Der große Raum hatte eine Fensterfront, und der Schreibtisch war mittig vor dieser Fensterfront platziert. Die Sonne knallte durch die Fenster, es war ein warmer Frühlingstag. Der feine Patriarch aber hatte ganz vergessen, den Sonnenschutz an den Fenstern zu bedienen, denn der Raum war durch die Klimaanlage gekühlt, und er spürte offenbar die Sonne in seinem Rücken nicht, er musste ja auch nicht hineinschauen. Da er keinen Bildschirm auf seinem Tisch hatte, das ist schließlich etwas für die Assistenz, merkte er auch nicht, dass die Sonne blenden könnte. Aus seiner Perspektive präsentierte sich sein Büro hell, groß und mächtig.

Marla sollte vor seinem Schreibtisch auf einem Stuhl Platz nehmen. Sie hatte sich gut auf das Gespräch vorbereitet, war dennoch nervös. Und kaum hatte sie den Raum betreten, wurde sie nervöser, ihre Unsicherheit sorgte dafür, dass sie um sich herum kaum noch etwas wahrnahm. Sie hatte sich kurz vor dem Betreten des Büros noch gesagt: »Mache dir keinen Kopf, bleibe entspannt.«

Zu Beginn des Gesprächs schob sich draußen noch eine Wolke vor die Sonne, und das Gespräch nahm seinen Lauf. Später fand Marla keinen passenden Augenblick mehr, die sie blendende Sonne anzusprechen. »Irgendwie komisch«, erzählte sie, »ich war einfach komplett neben der Spur.«

Sie versuchte sich auf das Gespräch und die Argumentation ihres Chefs zu konzentrieren. Rückblickend, sagte sie, war sie durch die Sonne abgelenkt. Sie dachte, sie könne gut durch das Gespräch kommen, doch ihr Chef wirkte nur noch wie ein riesiger dunkler Schatten. Er fing an, zu monologisieren und einen Grund nach dem anderen aus dem Hut zu zaubern, warum Marlas viel zu hoher Gehaltsforderung nicht entsprochen werden könne. Er betonte die Worte »viel zu hoch«, schüttelte seinen Kopf, presste seine Lippen zusammen und blickte zur Seite. Im nächsten Moment lehnte er sich behäbig zurück und hob gleichzeitig seine Arme, um diese hinter seinem Kopf zu verschränken. Für Marla war es in dieser Situation vorbei, wie sie sagte. Sie konnte keinen klaren Gedanken mehr fassen, sie fühlte sich immer kleiner, versank in ihren Stuhl und verstummte.

Was passiert in dieser Verhandlungssituation? Marlas Gesprächspartner demonstriert seine Machtposition schon auf den ersten Blick, bei Marlas Betreten des Büros. Dann folgt die Anordnung der beiden Gesprächspartner in konfrontativer Weise, er platziert sich hinter seinem dicken Schreibtisch, der ihm Abgrenzung bietet und seine Machtposition untermauert. Marla nimmt ihm gegenüber auf einem Stuhl Platz, ohne die Möglichkeit zu haben, einen Tisch zur Ablage von Notizen zu nutzen. Sie wird von der Sonne geblendet, die durch die Fenster hereinscheint. Dadurch ist sie gestört und abgelenkt, was ihre Verunsicherung verstärkt. Ihr Gesprächspartner setzt Mittel der Körpersprache ein, um seine Position weiter auszubauen. Die hinter dem Kopf verschränkten Arme dienen zur Vergrößerung, Stichwort →*Kobra*. Das Kopfschütteln, die zusammengepressten Lippen, das Wegschauen und die besondere Betonung untermauern seine Position in der Verhandlung und zeigen eindeutig: Ich rücke nicht von meiner Position ab, bin aber auch nicht erreichbar (kein Blick in die Augen möglich). Insgesamt wählt ihr Chef eine Gesprächssituation, die ganz klar auf Konfrontation abzielt. Er lässt keine Annäherung zu, die zur Entwicklung einer Lösung herbeiführen könnte.

Was kann Marla tun?

- Die Situation mit dem fehlenden Sonnenschutz nach der Begrüßung sofort ansprechen
- Bewusst versuchen, die Insignien der Macht (Schreibtisch, Sitzanordnung) auszublenden
- Sich im Vorfeld besser über ihren Gesprächspartner informieren: Was könnte sein Verhandlungsmotiv sein? Wie tickt er? Welche Informationen braucht er, um seine Position nicht so vehement verteidigen zu müssen und Zugeständnisse machen zu können?
- Das Urprogramm »Alarm« bewusst wahrnehmen, um im nächsten Schritt auf System 2 umzuschalten (Marla kann sich bewusst machen, dass die Körpersprache gezielt einschüchtern, drohen soll, und kann die dahinterliegende Taktik entlarven)

Verhandlungstrick: Lob als Schmeichler

> **»Ich weiß doch, dass Sie gut sind.«**

»Sie sind zuverlässig und denken immer einen Schritt weiter. Deshalb habe ich Sie doch eingestellt.« So weit die Reaktion ihres Chefs, als meine Klientin Sarah ihre positive Weiterentwicklung im Haus ansprach und nach einer Gehaltsanpassung fragte. In diesem Moment kam sie im Gespräch nicht mehr weiter. Sie bat ihren Chef um einen neuen Termin, zumal noch andere Themen zu besprechen waren, und fragte mich um Rat, wie sie mit dieser Situation umgehen sollte und eine Strategie für ihr nächstes Gespräch entwickeln könnte.

Was passiert hier? Unbewusst schaltet meine Klientin in diesem Gespräch einen Gang zurück, denn sie braucht ihre Position nicht zu verteidigen. Sie wird gelobt, und gegen Lob kann sich kaum jemand wehren. Sarahs Chef spricht hier mit zwei Schnäbeln nach dem Kommunikationsquadrat von Friedemann Schulz von Thun: Mit dem Selbstkundgabeschnabel sagt er über sich aus, dass er kompetent ist und den Überblick hat, weil er eine gute Wahl mit ihr als Mitarbeiterin getroffen hat. Mit dem Beziehungsschnabel spricht er die gute Arbeitsbeziehung an. Das hat zur Folge, dass Sarah ihre Forderung nicht durchsetzen kann, weil sie diese gute Beziehung nicht gefährden will.

Was kannst du in solchen oder ähnlichen Situationen tun?

- Versuche aus deinem System 1 (Muster »Tend-and-befriend-Reaktion«), siehe Seite 240, herauszukommen.
- Greife die Aussage deines Gesprächspartners auf und spiele das Lob zurück, dass es für ihn oder sie spricht, bei der Personalauswahl ein gutes Auge zu haben.

- Komme auf deine Forderung zurück, indem du daran appellierst, die gute Leistung, das Wissen im Haus zu halten, indem leistungsgerecht bezahlt wird.
- Frage gezielt nach der persönlichen Einschätzung deines Gesprächspartners, in welcher Höhe er oder sie eine Gehaltsanpassung vorschlägt.

Verhandlungstrick: negative Vorwegnahme

»Sie werden nicht mit dem zufrieden sein, was wir Ihnen anbieten können.«

Was passiert hier? Dir soll sinnbildlich der Wind aus den Segeln genommen werden, das heißt, du kannst gleich einpacken, brauchst argumentativ nicht mehr zum Gegenangriff auszuholen. Unbewusst gehst du einen großen Schritt zurück und verlässt den Pfad deiner ursprünglichen Forderung. Genau das ist das Ziel des Verhandlungspartners.

Was kannst du tun?

- Greife die Aussage auf oder stelle eine Rückfrage, je nach Gesprächsatmosphäre und Situation.
- Formuliere eine allgemeingültige Aussage, in der du betonst, wie wichtig es ist, gerade in diesen Zeiten gute und fähige Mitarbeitende im Unternehmen zu halten und Leistung anzuerkennen.
- Appelliere an die Kompetenz deines Gesprächspartners, dass er oder sie am besten deine Leistungen, den Mehrwert, den du für die Organisation erbracht hast, einschätzen kann und du deshalb davon ausgehst, dass das Angebot wohlüberlegt ist.
- Platziere deine Forderung, indem du dasselbe Stilmittel nutzt: »Sicher erscheint Ihnen meine Forderung viel zu übertrieben, ich habe das Ziel von XY.« Die Wirkung: Du rufst beim Gegenüber eine Verneinung hervor, weil er, seine Position wahrend, unbewusst deiner Aussage widersprechen möchte.

- Verfolge das Ziel, eine Gesprächsatmosphäre und Argumentation auf Augenhöhe zu schaffen, indem du dich nicht einschüchtern lässt und zeigst, dass du genauso gut mit gewissen Kniffen umgehen kannst.

Verhandlungstrick: Frage nach dem Mindestverdienst

»So, Frau Moldenhauer, was möchten Sie denn mindestens hier verdienen?«

Vorsicht, bevor dein Automatismus aus System 1 dich zu einer vorschnellen Antwort verleiten möchte und dir schon die erste Silbe deines Minimalziels über die Lippen kommt.

Trick: Es wird durch das eingeschobene Wort »mindestens« bewusst nach deiner untersten Grenze gefragt, um eine niedrige Zahl als Anker (der erste Wert, der in der Verhandlung auf den Tisch kommt und als Referenzgröße dient) zu platzieren. Da du im Gespräch einen guten Eindruck hinterlassen möchtest, möchtest du ungern lügen. Verständlich. Genau das wird bewusst ausgespielt.

Gegenmaßnahme: Denke kurz nach, vielleicht erlaubst du dir die Gegenfrage nach dem Budget für diese Position, wenn es zu deiner Persönlichkeit passt und sich für dich in diesem Moment gut und richtig anfühlt. Du gewinnst etwas Zeit, kannst deine Gedanken sortieren und dann mit deinem Alternativziel oder, wenn du dich traust, mit deinem Maximalziel ansetzen. Wenn entsprechende Reaktionen (Erstaunen, Betonen der hohen Gehaltserwartung, Nachfrage, was ausgerechnet dich für ein so hohes Gehalt qualifiziert) kommen, um dich weiterhin zu verunsichern und in deiner Position zu schwächen, bleibe sachlich. Dazu bieten sich mehrere Optionen an. Mache dir schon im Vorfeld deines Gesprächs Gedanken zu den folgenden Punkten, die du dann, ähnlich wie Spielkarten, auf den Verhandlungstisch legst:

- Es liegen dir Angebote in diesem Bereich vor, deshalb ist deine Gehaltsvorstellung absolut angemessen.

- Du erwartest eine Vergütung, die deiner Qualifikation und der ausgeschriebenen Position entspricht.
- Mit deinem Marktwert (Spezialkenntnisse, besondere Erfahrungen, starkes Netzwerk) bringst du genau das mit, was gebraucht wird, und liegst deshalb im oberen Bereich des Branchenschnitts.
- Du stellst eine Gegenfrage, eine Rückfrage zu deiner Qualifikation oder deinen Erfahrungswerten.

Verhandlungstrick: Extremes Herunterhandeln

Der Tenor ist immer der Gleiche: Es soll eine möglichst niedrige Zahl als Referenzgröße im Gespräch verankert werden, die dich von deinem ursprünglichen Gehaltsziel abbringen soll.

- »Unser Budget sieht maximal (eine Zahl unter deinem Minimalziel) vor.«
- »So eine hohe Gehaltserhöhung ist nicht drin. Wir können maximal 200 Euro mehr zahlen.« (Hier wird heruntergerechnet auf eine monatliche Erhöhung, die Zahl wird dadurch noch kleiner.)
- »Wir können Ihnen nur 2 Prozent Erhöhung anbieten.«

Gegenmaßnahme: Bleibe gedanklich bei deiner Vorstellung, rücke nicht von deiner Position ab. Wiederhole deine Forderung, verbunden mit ein bis zwei guten Argumenten. Dazu hast du dir im Rahmen deiner Vorbereitung drei bis fünf Topargumente herausgearbeitet. Wähle für deine Begründung zunächst das zweit- und drittbeste Argument, um das Beste, dein Top-1-Argument, zum Schluss ausspielen zu können. Sprich deine Ziele, die du als Vision in deinem Wirkungsbereich verfolgst, an. Es geht nicht darum, einfach eine Gehaltserhöhung zu erreichen, sondern es geht um Wertschätzung, um Motivation, um eine angemessene Kompensation für deine Leistung. Das ist eine Frage der Haltung, die kannst du im Vorfeld mental aufbauen. Gib einer sachlichen Auseinandersetzung in der Gesprächssituation Raum und verstehe diese als das Normalste der Welt. Damit gibst du der anderen Person die Möglichkeit, dich als Gesprächspartnerin auf Augenhöhe, die es ernst meint, wahrzunehmen. Ziel ist, dass ihr euch auf eine für beide Seiten passende Lösung einigt.

»Killerphrasen« entkräften

Wie das Wort bereits erahnen lässt, soll der Verhandlungspartner mithilfe von »Killerphrasen« handlungs- beziehungsweise argumentationsunfähig gemacht werden. Das sind Argumente, die dir völlig zusammenhanglos, so scheint es, um die Ohren gehauen werden und dich dadurch sinnbildlich in die Ecke drängen sollen. Dazu gehören Aussagen wie:

- »Die Kassen sind leer. Das kann sich die Firma nicht leisten.«
- »Freuen Sie sich doch über Ihre Arbeit. Andere an Ihrer Stelle wären froh, so einen Job zu haben.«
- »Sie müssen sich hier erst mal beweisen. Dann können wir über mehr Geld sprechen.«
- »Heute wollen Sie mehr Geld, morgen kommt die ganze Abteilung zu mir und will auch mehr Gehalt. Und dann?«
- »Als ich die Abteilung groß gemacht habe, habe ich monatelang die Wochenenden durchgearbeitet. Ich bin nie auf die Idee gekommen, mehr Geld zu verlangen!«
- »Geld ist doch nicht alles. Schauen Sie, Sie sind in einem klasse Team, in einem dynamischen Umfeld, wir haben grandiose Zukunftsaussichten, schätzen Sie das etwa nicht?«
- »Jetzt ist ein ganz schlechter Zeitpunkt, lassen Sie uns in sechs Monaten darüber sprechen.«

Lasse diese Sätze auf dich wirken, stelle dir dazu eine übertriebene Betonung vor. Es fühlt sich schon beim Lesen unangenehm an, oder?

Jede dieser Aussagen kannst du nach einem Muster zerlegen. Dabei ist wichtig, dass du dir im ersten Schritt klarmachst, dass das Ziel hinter diesen Aussagen eine Schwächung deiner Position in der Verhandlungssituation ist. Dein System 1 geht in das Urprogramm »Alarm«, denn du fühlst dich persönlich angegriffen.

Stress, Ohnmacht, Schweigen

Das sind die Reaktionen, die mir von meinen Klientinnen in solchen Situationen geschildert werden. Mit dem nachfolgenden Schema konnten sowohl ich als auch meine Klientinnen bislang sehr gute Erfahrungen machen.

Killerphrasen klug entkräften	
1. Urprogramm »Alarm« ausschalten	Erlaube dir ein bis zwei tiefe Atemzüge, am besten hilft die Bauchatmung, schalte im Kopf um auf das bewusste Nachdenken.
2. Argument aufgreifen	Greife das gegnerische Argument auf und formuliere daraus eine allgemeingültige Aussage.
3. Demonstriere Verständnis	Bestätige die Haltung deines Gegenübers. Finde dabei thematisch den Übergang zu deinem Punkt.
4. Übergang zur eigenen Forderung	Adressiere dein Gegenüber direkt. Möglichkeit a) Frage ihn oder sie nach der Haltung zu deiner Forderung. b) Formuliere deine Forderung als logische Ableitung aus dem vorherigen Schritt.

Ein Beispiel:

»Als ich die Abteilung groß gemacht habe, habe ich monatelang die Wochenenden durchgearbeitet. Ich bin nie auf die Idee gekommen, mehr Geld zu verlangen!«

1. Bewusstes Wahrnehmen der Stressreaktion, in die Bauchatmung gehen und ruhig bleiben.
2. Allgemeingültige Formulierung: »Die Entwicklung unserer Abteilung verdient große Anerkennung.«
3. Verständnis und Bestätigung: »Ihre Haltung, dass nicht nur Geld für eine erfolgreiche Entwicklung Priorität hat, teile ich. Und ich glaube, dass der Erfolg der Abteilung und damit Ihr Erfolg zeigt, dass sich der persönliche Einsatz auszahlt. In diesem Sinn zahlt es sich immer aus, in gute Mitarbeitende zu investieren.«
4. Eigene Forderung: »Was sind in Ihren Augen die Kriterien für meine Gehaltsanpassung?«

Versuche, die anderen Killerphrasen in ähnlicher Weise zu entkräften. Bitte bleibe bei deinen eigenen Worten und leite eine Argumentation ab, die für deine Situation passt. Das wird dir im Vorbereitungsprozess helfen, die Furcht vor solchen »Totschlagargumenten« abzubauen. Maile mir deine Ideen, dazu können wir uns gern austauschen.

15

Das Gesamtpaket entscheidet

Du kommunizierst immer, in jeder einzelnen Sekunde, auch jetzt, in diesem Moment, da du dieses Kapitel liest und darin vertieft bist. Zumindest hoffe ich das und freue mich, wenn dem so ist. Wenn du dich selbst auf einer Bühne sehen könntest, würdest du dieser Figur, die dich gerade spielt, abnehmen, dass sie konzentriert ist, gerade über den Inhalt des Buches sinniert, sich dazu innerlich Fragen stellt und eigene Erfahrungen reflektiert. Vielleicht siehst du ein Stirnrunzeln oder ein zartes Lächeln auf ihren Lippen, vielleicht sind die Beine übereinandergeschlagen und das eine Bein wippt, oder eine Hand fährt durchs Haar, bis sie an die Halskette gelangt, mit der die Finger zu spielen beginnen.

Auf den Philosophen, Psychotherapeuten und Kommunikationswissenschaftler Paul Watzlawick gehen die berühmten Worte »Man kann nicht nicht kommunizieren« zurück. Sie sind ein Teil des bekanntesten seiner fünf Axiome der Kommunikationstheorie. Hier wird der Aspekt deutlich, dass Kommunikation viel mehr ist als das gesprochene Wort, »denn jede Kommunikation (nicht nur mit Worten) ist Verhalten und genauso wie man sich nicht nicht verhalten kann, kann man nicht nicht kommunizieren«.[67]

Deine Körpersprache verrät mehr, als du denkst

Es gibt etwa 6.500 bis 7.000 Sprachen auf der Welt. Eine davon ist angeboren, universell und wird bis auf wenige kulturell und regional geprägte Details von allen Menschen verstanden: die Körpersprache.

Der erste Eindruck eines Menschen entsteht bereits durch sein Aussehen, seine Kleidung, Haltung, Gestik und Mimik, noch bevor er überhaupt gesprochen hat. Erst danach transportiert der Mensch über seine Stimmlage, Sprechgeschwindigkeit und Betonung seine Emotion, Überzeugung und Einstellung zum Gesagten. Das hat in ähnlicher Weise der Psychologe Albert Mehrabian durch seine Experimente zur Kommunikation von Emotion und Gefühlen verdeutlichen wollen.[68] Doch sein Ergebnis, dass 7 Prozent einer Information durch Worte, 38 Prozent durch die Stimme und 55 Prozent über Gestik und Mimik transportiert werden, wird bis heute vielfach fehlinterpretiert. Sehr viele Kommunikationsexperten verkürzen das gern zu: »Du wirkst nur zu 7 Prozent über das, was du sagst, 93 Prozent macht deine nonverbale Kommunikation aus.« Das möchte ich so nicht stehen lassen.

Es ist nicht egal, was gesagt wird, es ist aber auch nicht egal, wie etwas gesagt wird

Richtig ist, dass unsere gesprochene Sprache durch unsere Sprechweise, Mimik, Körperhaltung und Gestik unterstützt wird. Die Botschaften werden verstärkt, unterstrichen, und Feinheiten der zwischenmenschlichen Kommunikation werden sicht- und spürbar. Ein Vortrag kann, bei gleichem Inhalt, als spannend, mitreißend, bewegend oder ermüdend, langweilig, zäh empfunden werden. Das sind Wirkmechanismen der nonverbalen Kommunikation. Während der Pandemie im Homeoffice war das gut zu beobachten. Viele Menschen tun sich mit dauerhafter Telearbeit schwer. Es ist eben anders, wenn man sich mal eben zum Austausch in der Teeküche oder im Flur begegnet oder Besprechungen vor Ort stattfinden, als wenn das kleine schwarze Kameraloch des Rechners die Kommunikationsbandbreite auf einen kleinen Ausschnitt schrumpfen lässt.

Körpersprachliche Zeichen waren lange in einem starren Regelwerk gefangen

Dazu hieß es, verschränkte Arme vor der Brust bedeuten Ablehnung, Verschlossenheit, Abwehr oder überkreuzte Beine zeugen von Distanz, Hände in den Hosentaschen geht gar nicht und ein Kratzen an der Nase, ha, entlarvte Lüge. Das ist etwas differenzierter zu betrachten. Die Forschung, die hierzu sicher nie ganz abgeschlossen sein wird, weiß inzwischen, dass Körpersprache kontextabhängig und individuell erfolgt. Sie ist nicht so zu verstehen, dass jeweils einzelne, für sich abgeschlossene Haltungssegmente interpretiert werden, sondern ein Mensch führt Abläufe von Haltungen und Körperbewegungen durch, die als Ganzes für ihn oder sie sprechen. Ein übereinandergeschlagenes Beinpaar kann auch als »Ich fühle mich sicher« gelesen werden, gerade in Kombination mit einem dem Gegenüber zugewandten Oberkörper. Die Kunst des Körpersprachelesens geht weiter als das schnöde Übersetzen von einzelnen Haltungen und Bewegungen. Es geht darum, das Gegenüber zu verstehen, sich in es hineinzudenken und zu -fühlen. Das braucht für Geübte weniger Zeit, dennoch lernen auch Profiermittler fast ein ganzes Arbeitsleben lang das Menschenlesen.

Im Vorstellungs- oder Verhandlungsgespräch hast du wenig Zeit

Es kann sein, dass du den Menschen dir gegenüber nur flüchtig oder noch gar nicht gesehen hast, und Gleiches gilt umgekehrt. Hier zählt, dass du neben deiner inhaltlichen Vorbereitung durch deine gesamte Haltung überzeugst. Es gilt: Der erste Eindruck zählt, der letzte bleibt.

Durch allgemeingültige und für deinen Gesprächspartner nachvollziehbare »Benimm- oder Körperspracheregeln« kannst du beeindrucken, sofern du auch aus Überzeugung handelst, denn eine aufgesetzte, übertriebene oder gespielte Körperhaltung und

-sprache wird dich schneller als unehrlich entlarven, als du denkst und sprichst.

Fazit für dich in deinen Vorstellungs- und Verhandlungsgesprächen:

- Eine offene Körperhaltung, das bedeutet, gerade Schultern, natürlich gerade Kopfhaltung mit Blickkontakt und dem Gesprächspartner zugewandt, unterstreicht, dass du interessiert und bei der Sache bist.
- Raum einnehmen bedeutet, dass du zu dir stehst, selbstbewusst und sicher bist. Zu große, ausladende Gesten sollten es aber nicht sein, die könnten als zu dominierend interpretiert werden.
- Zu kleine Gesten, etwa eine Bewegung der Hände aus dem Handgelenk heraus, wie ich sie häufig bei Frauen beobachte, wirken unsicher. Wenn du auf etwas hinweisen oder etwas zeigen willst, dann bewege den ganzen Arm, denn der gehört zu deiner Hand und zu dir.
- Beobachte dich in Stresssituationen. Fängst du unbewusst an, mit deinen Fingern, deinem Fingerring oder deiner Halskette zu spielen oder deine Hände zu Fäusten zu ballen? Beginnst du im Sitzen mit nervösem Beinwippen? Versuche, dir dessen bewusst zu werden, falls du zu solchen Übersprungshandlungen neigst, und versuche, so normal wie möglich mit deinen Händen umzugehen. »Wo soll ich mit meinen Händen hin?«, höre ich oft. Nimm dir etwas zu schreiben mit. Verbunden mit der Frage, ob es in Ordnung sei, sich Notizen zu machen, kannst du eine elegante Lösung für dein »Handproblem« finden.
- Oft sehe ich bei Frauen eine unbewusste schräge Kopfhaltung und ein Lächeln, wenn es in der Verhandlung ernst wird und um die harten Fakten geht. Ein Versuch, eine harmonische Gesprächsatmosphäre zu schaffen und dem Verhandlungspartner

auf der Beziehungsebene entgegenzukommen? Damit spielst du dein Anliegen wieder herunter, nimmst dem Ganzen den Ernst, und deine Argumentation verliert an Gewicht.

Sprache und Sprechweise: Der Ton macht die Musik

Mal angenommen, du hast ein Inserat aufgegeben, suchst einen Nachmieter oder willst dein Auto verkaufen und hast deine Telefonnummer mit dem Hinweis, Nachrichten auf der Sprachbox zu hinterlassen, angegeben. Abends hörst du dir die Sprachnachrichten an. Bei wem rufst du sofort zurück?

Beim Telefonat wird es deutlich: Die Stimme zählt

Unsere Stimmlage, das Sprechtempo, die Lautstärke, Pausen und der Wort- oder Satzakzent stehen uns als Mittel zur Verfügung, um uns als Individuum von anderen Menschen zu unterscheiden. Andere Mittel der Kommunikation und Wahrnehmung fallen beim Telefonat weg. Ich kenne viele Menschen, die Angst vor dem Telefonieren haben, weil sie genau das unsicher werden lässt. Es fehlt ihnen die Einschätzung durch und die Reaktion auf die Gestik und Mimik des Gesprächspartners.

👍 Meine Tipps für wichtige Telefonate:
- Wenn ein wichtiger geschäftlicher Anruf dich völlig überrascht und aus dem Konzept bringt, erlaube dir eine Ausrede und frage nach einem anderen Telefontermin, weil gerade die Handwerker da sind, du auf dem Sprung zum nächsten Termin bist oder Ähnliches.
- Rechne im Bewerbungsfall damit, dass dich die Personalverantwortlichen zunächst per Telefon kontaktieren werden, um eine

Vorauswahl zu treffen. Bereite dazu Notizen vor, die du genauso wie deinen Lebenslauf griffbereit hast.

- Wähle einen ungestörten, ruhigen Ort, meide Geräuschkulissen oder Ablenkung durch klingelnde Telefone, Haustiere oder Familienmitglieder.

- Nimm das Telefonat ernst und kleide dich entsprechend, auch wenn das im klassischen Telefonat niemand sieht, es wird dadurch wahrgenommen, dass du dich sicherer und souveräner fühlst, und das wird gehört.

- Versuche, dein Urprogramm »Alarm« auszuschalten, mache dir klar, dass dein künftiger Arbeitgeber sich ein stimmliches Bild von dir machen möchte.

- Erlaube dir Gesprächspausen, gib an, wenn du zu interessanten Fragen kurz nachdenken möchtest, fühle dich nicht unnötig unter Druck gesetzt.

👍 Meine Tipps für deine Stimme, denn die zählt nicht nur beim Telefonat:

- Beobachte dich in besonders stressigen Situationen. Wie wirken sie sich auf deine Stimme aus? Wirst du leiser, lauter, schneller, entwickelst du eine piepsige Stimme? Allein das Bewusstsein darüber wird dir in Vorbereitung auf deine Gesprächssituationen helfen, eine klare, feste Stimme zu bewahren. Das kannst du auch üben. Nimm Texte auf, sprich sie in unterschiedlicher Stimmung ein und höre den Unterschied.

- Gehe in die Bauchatmung, sie hilft dir, zur Ruhe zu kommen, du erlebst dich gelassener und entwickelst mehr Selbstvertrauen, was sich unmittelbar auf deine Stimme auswirkt.

Nicht nur Kleider machen immer noch Leute

Willkommen in der Welt der extraverbalen Kommunikation. Deine Frisur, deine Kleidung und ob du eine Brille, Schmuck oder eine Uhr trägst, verrät anderen Personen etwas über dich. In manchen Konzernen ist es ab einer gewissen Etage, pardon, verantwortungsvollen Position, ganz entscheidend, dass die Uhr am Handgelenk zur Rolle passt – oder etwa umgekehrt? Gleiches gilt, ob wir es wahrhaben wollen oder nicht, beim Thema »Kleider machen Leute«.

Kleidung kommuniziert. Dass wir Kleidung mit kulturellen Phänomenen verbinden, sie als Statussymbol verstehen und dass sie gesellschaftlichen Konventionen unterliegt, ist allgemein bekannt. Ansonsten wäre es völlig irrelevant, ob du einer Person im Gothic Look, in Destroyed Jeans, im Abendkleid, im Businessanzug oder im weißen Kittel begegnest. Deshalb gelten im geschäftlichen und gesellschaftlichen Kontext bestimmte Dresscodes. Ein von der Außenwelt, durch gesellschaftlich verankerte Konventionen als gut bewertetes Erscheinungsbild hebt das Selbstwertgefühl und wirkt sich sogar positiv auf die eigene kognitive Leistungsfähigkeit aus, wie zahlreiche Studien zeigen.[69] Wie ist es für dich? Ein wichtiges Telefonat in Freizeit- oder in Geschäftskleidung – spürst du einen Unterschied? Übrigens gilt auch für das Homeoffice oder für Onlinekonferenzen: Deine Vorbereitung beginnt vor dem Kleiderschrank. Generell hilft: Wähle vor wichtigen Gesprächen eine Garderobe, die deine Wirkung gut zur Geltung bringt, in der du dich sicher fühlst und die zum Dresscode des Unternehmens passt.

Weitere Mittel der extraverbalen Kommunikation sind die Wahl des Ortes, der Uhrzeit und andere äußere Faktoren für Verhandlungen oder Besprechungen. In manchen Verhandlungsrunden dienen diese Faktoren bewusst als Taktik, je nachdem, welches Verhandlungsziel verfolgt wird. Dann kann es schon mal dazu kommen, dass Verhandlungspartner ewig auf ihren Termin warten müssen, in schlechten Hotels untergebracht werden oder die Verhandlungen keine Ruhepausen erlauben.[70] Fast legendär ist in dieser Hinsicht das Treffen des russischen Präsidenten Wladimir Putin mit Angela Merkel im russischen Sotschi im Jahr 2007, zwei Jahre nach Merkels Wahl zur Bundeskanzlerin. Er ließ damals seine große schwarze Labradorhündin in den Raum. Ein Machtspiel der besonderen Art, schließlich soll er zu dem Zeitpunkt bereits von der Hundeangst Angela Merkels gewusst haben.[71]

Ganzheitlich punkten

Irgendwie unstimmig

Ilona war Mitte vierzig und führte Bewerbungsgespräche. Aufgrund ihrer Expertise als Projektmanagerin im IT-Umfeld war sie für die Unternehmen eine Topkandidatin. Sie kam stets bis in die finalen Entscheidungsrunden. Ihre Fachkenntnisse begeisterten, die Gespräche liefen gut, und dennoch folgten im letzten Moment die Absagen. Nicht nur einmal, sondern wiederholt. Es lag nicht an ihrer Fachkompetenz, so viel konnte sie herausfinden. Es war irgendetwas anderes, nicht Greifbares. Sie konnte es sich nicht erklären, es ging ihr aber auch nicht aus dem Kopf. Fachkompetenz, Berufserfahrung, beste Bewerbungsunterlagen, gute Gespräche und dann Absagen? Ihre Rückfragen liefen ins Leere. Es kam die übliche Antwort: »Sie sind top qualifiziert, dennoch haben wir uns für eine andere Bewerberin entschieden.«

Eines Tages fasste sie den Entschluss und machte einen Termin für eine Stilberatung. Sie wollte ihr Auftreten auf den Prüfstand stellen, zumal sie sich schon länger eine Typveränderung wünschte. Heraus kam, dass ihre Haarfarbe nicht zu ihr passte. Zum Hintergrund: Sie ließ sich regelmäßig beim Friseur ihr Haupthaar färben. Vor Jahren hatte sie eine klassische Farbberatung machen lassen, und damals wurde ihr ein Aubergineton als Haarfarbe empfohlen. Vielleicht war es damals das Richtige für sie, doch jeder Mensch verändert sich, und mittlerweile ließ der Farbton, der früher einmal passte, ihre Gesichtsfarbe eher grau und fad erscheinen, passte einfach nicht mehr zu ihr. Ihr gesamtes Auftreten wirkte unstimmig, disharmonisch. Sie hatte sich in ihrem Leben weiterentwickelt, fühlte sich aber nicht mehr wohl in ihrer Haut und in ihren Kleidern, wie sie selbst sagte. Das wollte sie ändern.

Mit neuer Haarfarbe, einem Haselnussbraun, das ihre Haut zum Strahlen brachte, und der Wahl einer ihren Typ unterstreichenden Garderobe erhielt sie beim darauffolgenden Bewerbungsgespräch eine Zusage.

Nun ja, wir Menschen funktionieren so, dass wir unsere Umwelt erst mal in Schubladen und Kategorien stecken, um für uns, hinter allen äußeren Faktoren, eine Bewertung durchzuführen. Es geht darum, wie ähnlich oder unähnlich und damit wie sympathisch oder unsympathisch uns ein anderer Mensch ist. Dahinter steht die existenzielle Frage: gefährlich oder ungefährlich? Das dahinterliegende Überlebensprinzip dürfte nach dem thematischen Ausflug in die Welt unseres Denkens klar sein. Somit wirkt hier auch eine kognitive Verzerrung, die Substitutionsheuristik. Sie besagt, dass wir von bestimmten äußeren Merkmalen auf Fähigkeiten, Kenntnisse und Charaktereigenschaften der Person schließen. Wirkt etwas, auch wenn es nicht greifbar ist, für uns unstimmig, dann nehmen wir unbewusst eine ablehnende Haltung dieser Person gegenüber ein.

Fazit für dich

Zu einer Topvorbereitung gehört die gesamte Klaviatur an Kommunikation, die dir zur Verfügung steht. Deine Aussagen werden dann als glaubhaft wahrgenommen, wenn Inhalt und Form kongruent und stimmig sind. Mache deine Kommunikation rund und bleibe authentisch, denn so wirst und möchtest du wahrgenommen werden.

Remote und Homeoffice: Wichtiges bei der Onlineverhandlung

Das kleine Schwarze. Nein, nicht das, das andere: das kleine schwarze Kameraloch deines Rechners als Fenster zur Welt. Wie in jedem Gespräch zählt auch in der Videokonferenz der Inhalt: deine Kenntnisse, Leistungen, das, was du einbringst und mitzuteilen hast. Dennoch ist es anders. Die nonverbale Kommunikation, das Gespür für den anderen und die Wahrnehmung sind eingeschränkt.

👍 **Tipp:** Mit folgenden Tipps schaffst du die Grundlage für eine gelungene Onlineverhandlung.

- technische Voraussetzung: stabile Internetverbindung und gute Ausstattung (PC, Notebook, Tablet, Headset, Mikrofon, Software); mache vor dem Termin immer einen Testlauf
- Umgebung: heller Raum, Lichtquelle von vorn, keine Fenster von hinten, sonst bist du aufgrund Gegenlichts nicht erkennbar, möglichst neutraler Hintergrund, damit nichts von dir ablenkt
- Geräuschquellen vermeiden (Telefon, Mobiltelefon aus oder lautlos)
- Kinder oder Haustiere versorgen oder betreuen lassen
- bequeme Sitz- oder Stehposition

- geschäftliche Kleidung, je nach Kleiderordnung bei dir im Unternehmen; wichtig ist, dass dich die Kleidung unterstützt, du dich souverän und sicher fühlst
- dezentes Make-up, das dich frischer erscheinen lässt, denn je nach Lichtsituation kannst du über das Videotelefonat schnell blass oder müde wirken
- benutze dein Lieblingsparfüm, wenn es dir zu einem guten Gefühl verhilft
- Schultern locker lassen
- Augenkontakt: Auch wenn es schwerfällt und du keine direkte Rückmeldung von deinem Gesprächspartner hast, versuche, dich darauf zu konzentrieren, in die Kamera zu blicken (dazu kannst du dir dein »kleines Schwarzes« auf dem Rechner markieren), dann hat dein Gesprächspartner den Eindruck, dass du bei ihr oder bei ihm bist, dem Gespräch folgst, und du wirkst präsent.
- halte Dateien bereit, die du bei Bedarf teilen kannst

Gedanken zum Mitnehmen

Das war jetzt allerhand rund um die ganzheitliche Vorbereitung auf deine nächsten wichtigen Gespräche und Verhandlungen. Spannend ist, dass es hierbei um viel mehr als um mehr Geld oder die nächste Position geht. Es geht darum, das eigene Wirken immer wieder auf den Prüfstand zu stellen, den eigenen Standpunkt zu hinterfragen und für sich zu bewerten: Passt das, was ich mache, zu meinen Werten, und stehe ich dahinter? Kann ich mein Potenzial dort, wo ich bin, einbringen? Und vor allem: Wird meine Leistung gesehen, wird mein Beitrag zum Ganzen wertgeschätzt?

Dazu gehört Mut.
Denn die Antwort kann bedeuten, dass du ins Handeln, in die Veränderung kommen darfst. Und das heißt für dich, die berühmt-berüchtigte Komfortzone zu verlassen. Mit der in diesem Buch beschriebenen Vorbereitung auf deine Verhandlungsgespräche hast du einige Mittel zur Hand. Sie erlauben dir, deine Leistungen, aber auch deine Ziele zu ergründen. Als Ergebnis muss nicht immer herauskommen, dass es mehr Gehalt braucht. Vielleicht sind für dich zwei Tage Homeoffice oder vier statt fünf Tage Arbeit pro Woche bei gleicher Bezahlung eine Idee, vielleicht übernimmt dein Arbeitgeber eine wertvolle Fortbildung. Vielleicht suchst du einen anderen Arbeitgeber, machst dich neben- oder hauptberuflich selbstständig oder baust dein eigenes Unternehmen auf.

Es gibt viele Möglichkeiten und noch mehr Lösungen.
Zudem leben wir heute in Zeiten der Veränderung. Die digitale Transformation, die große Frage der Nachhaltigkeit und wirtschaftliche

Verwerfungen werden uns begleiten und verlangen von uns nicht mehr nur lineare Lösungen, wie wir sie in unserer Schul- und Ausbildungszeit gelernt und verinnerlicht haben. Wenn wir heute in den Arbeitsmarkt eintreten, werden wir aller Wahrscheinlichkeit nach 14-mal unseren Arbeitsplatz wechseln. Wir werden Arbeitsstellen haben, die sich rasant verändern. Und wir werden nicht immer das tun, für das wir ausgebildet wurden. Wir werden jeden Tag dazulernen dürfen. Und wir werden uns verändern, weil sich die Welt, in der wir leben, verändert. Wenn du weißt, wer du bist, was du kannst und was deine Kompetenz, deine Erfahrung und dein Wissen wert ist, wirst du immer eine Lösung für dich entwickeln können.

Es geht um mehr als mehr Gehalt. Es geht um dich.
Ich wünsche dir, dass du deinen Weg gehst und weitestgehend im Einklang mit deinen Werten und Bedürfnissen leben, dein volles Potenzial entfalten und dich weiterentwickeln kannst. Wenn du es willst.

Susan als Coach, Sparringspartner oder Speaker

Du möchtest noch mehr wissen? Ich kann mir gut vorstellen, dass dir jetzt einiges durch den Kopf geht. Manches war dir vielleicht schon bekannt, doch ich hoffe, dass sich auch Neues hinzugesellt hat. Aus einem anderen Blickwinkel betrachtet, ermöglicht es dir sicher spannende Rückschlüsse auf die eigene Situation. Vielleicht möchtest du darüber sprechen, es reflektieren und vertiefen? In einem persönlichen Gespräch lässt sich vieles noch individueller aufbereiten und klären, als es dieses Buch vermag. Komme gern auf mich zu, dann finden wir einen passenden Rahmen für dich, ob per (Video-)Telefonat, bei einem Spaziergang im Grünen oder in meinen Räumlichkeiten südlich von Hamburg.

Und wenn du dir für dein Unternehmen, deinen Verband, dein Netzwerk oder deine Hochschule einen inspirierenden Vortrag, ein gehaltvolles Training oder einen wertvollen Workshop wünschst, dann stimmen wir ein Programm auf Basis deiner Wünsche und Ziele ab. So weit der Werbeblock. Wohlgemerkt: Deine Rückmeldung zum Buch ist immer herzlich willkommen.

Du erreichst mich über: www.susanjmoldenhauer.de.

Glossar

Allgemeines Gleichbehandlungsgesetz (AGG): Das AGG vom 14. August 2006 hat das Ziel, Benachteiligungen aus Gründen der Rasse oder wegen der ethnischen Herkunft, des Geschlechts, der Religion oder Weltanschauung, einer Behinderung, des Alters oder der sexuellen Identität zu verhindern oder zu beseitigen.

BATNA: Akronym aus den englischen Worten »Best Alternative to a Negotiated Agreement« beschreibt die bestmögliche Alternative zu einer Verhandlungseinigung, auch als Plan B bezeichnet.

Buyer Persona: Eine fiktive Person, die einen typischen Kunden mit seinen Bedürfnissen, Herausforderungen, Handlungen, Idealen und Werten repräsentiert. Dadurch können Marketingstrategien gezielter aufgesetzt werden.

Dunkle oder schwarze Rhetorik: Rhetorische Mittel, die unterschwellig eingesetzt werden, um bei anderen Menschen zu einem gewünschten Verhalten zu führen. Dazu gehören Scheinargumente, sprachliche Tricks, wie wertende Wörter, suggestive Fragetechnik und der Einsatz von kognitiven Verzerrungen, wie dem Anker- oder Haloeffekt, letzterer wird besonders von »Blendern« oder »Schaumschlägern« genutzt, um eine perfekte Fassade vorzutäuschen.

Entgelttransparenzgesetz: Das zum 6. Juli 2017 in Kraft getretene Gesetz zur Förderung der Transparenz von Entgeltstrukturen (EntgTranspG) gibt Beschäftigten das Recht, Auskunft über die Entgeltstrukturen in Unternehmen mit mehr als zweihundert Beschäftigten und mindestens sechs Mitarbeitenden mit vergleichbaren Positionen zu verlangen.

Equal Pay Day: Ein internationaler Aktionstag, der erstmals 2008 auf Initiative des Netzwerkes *Business and Professional Women Germany,* nach dem Vorbild der »Red Purse Campaign«

aus den USA, in Deutschland stattfand. Symbolisch wird die Lohnlücke zwischen Männern und Frauen markiert. In Deutschland findet dieser Tag (je nach statistischer Auswertung) in der zweiten Märzwoche statt und gibt den Tag an, bis zu dem Frauen umsonst arbeiten, während Männer schon ab dem 1. Januar für ihre Arbeit bezahlt werden.

Filterblase: Beschreibt die Isolation eines Internetnutzers gegenüber Information, die nicht seinem Standpunkt entspricht. Dieser Effekt wird durch filternde Algorithmen, mit denen Suchmaschinen und Plattformen im Netz ihre Ergebnisse personalisieren, erreicht, indem der Nutzer nur noch solche Informationen erhält, die seinen Präferenzen entsprechen.

Gender Pay Gap: Geschlechtsspezifisches Lohngefälle zwischen Mann und Frau. Dazu wird der durchschnittliche Bruttostundenlohn von Frauen und Männern ins Verhältnis gesetzt. Es wird zwischen der unbereinigten GPG, die unabhängig von Voll- und Teilzeitbeschäftigung, geringfügiger

Beschäftigung und Auszubildenden und Praktikanten generell den Lohnunterschied erfasst, und der bereinigten GPG unterschieden. Die bereinigte GPG könnte auf echte Lohndiskriminierung schließen lassen, denn hier werden die Gehälter zwischen Mann und Frau in vergleichbaren Berufen, unter Berücksichtigung der Ausbildung, Qualifikation, Erfahrung, Berufsausübung zueinander ins Verhältnis gesetzt.

Heuristik: Unser Gehirn nutzt Abkürzungen und vereinfachende Faustformeln, die zu Fehleinschätzungen und Verzerrungen bei der Urteilsbildung und Entscheidungsfindung führen können.

Horizontales Sprachsystem: In der Soziolinguistik von Deborah Tannen geprägter Begriff, der eine inhaltlich orientierte Kommunikation auf Augenhöhe beschreibt.

Inneres Team: Persönlichkeitsmodell des Psychologen Friedemann Schulz von Thun, wonach die Pluralität des menschlichen Innenlebens oder Teile der Persönlichkeit durch die Metapher eines Teams und dessen Leiterin dargestellt wird. Im Idealfall erfolgt die eigene Kommunikation im Einklang mit dem inneren Team und mit der Situation im Außen.

Kobra: Eine körpersprachliche Haltung, die Überlegenheit und Selbstbewusstsein signalisiert. Dabei nimmt die Person eine feste Haltung auf ihrem Stuhl ein, lehnt sich etwas zurück und verschränkt beide Arme hinter dem Kopf, sie vergrößert sich, zeigt: Ich bin mir meiner Sache sicher.

Personal Branding: Auch Human Branding, Personenmarketing, Self-Branding, Selbstvermarktung. Diese Form des Marketings stellt den Menschen als Marke, Produkt, Brand in den Fokus, indem sie den Menschen durch seine persönliche Identität, Werte, Themen und Inhalte sicht- und erlebbar macht.

Point of Walkaway: Der Punkt, an dem eine gescheiterte Verhandlung mit allen Konsequenzen eingestanden werden sollte, vor allem wenn keine alternativen Lösungen (in Form eines Plan B oder eines erneuten Gesprächstermins) mehr sinnvoll erscheinen.

Ressourcen: Stehen in der Psychologie für die einem Menschen zur Verfügung stehenden, von ihm genutzten oder beeinflussten, schützenden und fördernden Kompetenzen und Handlungsmöglichkeiten. Ressourcen ermöglichen es Menschen, Situationen zu beeinflussen oder unangenehme Einflüsse zu reduzieren.

Reziprozität: Bezeichnet die Gegenseitigkeit im sozialen Austausch und ist Teilaspekt psychologischer Theorien, die sich mit der Einflussnahme auf menschliche Entscheidungen beschäftigen. Nach der Reziprozitätsregel sind Menschen dann motiviert, eine Gegenleistung zu erbringen, wenn sie zuvor etwas (geschenkt) bekommen haben.

Tandem: Häufiger wird der Begriff Jobsharing für ein Tandem aus zwei Mitarbeitenden verwendet, die sich die Verantwortung und Aufgaben einer Fach- oder Führungsposition teilen.

Unconscious Bias: Das Bias ist ein Anglizismus und ist ein kognitionspsychologischer Sammelbegriff für systematische, fehlerhafte Neigungen in der

Wahrnehmung, beim Erinnern, Denken und Urteilen. Dies geschieht meist unbewusst und basiert auf Abkürzungen, die unser Gehirn vornimmt, den kognitiven →*Heuristiken.*

USP (»Unique Selling Proposition«): Einzigartiges Verkaufsversprechen bei der Positionierung einer Leistung. Durch das USP wird der besondere und einzigartige Nutzen eines Produktes in Abgrenzung zur Konkurrenz herausgestellt.

Verhaltensökonomik: Teilgebiet der Wirtschaftswissenschaften, das sich mit menschlichem Verhalten, in Abgrenzung zur Modellannahme des rationalen Nutzenmaximierers, dem Homo oeconomicus, in wirtschaftlichen Situationen befasst.

VUCA: Akronym aus den englischen Worten »Volatility« (Volatilität), »Uncertainty« (Unsicherheit), »Complexity« (Komplexität), »Ambiguity« (Mehrdeutigkeit); Begriff für die Beschreibung der vermeintlichen Merkmale unserer modernen, einem ständigen Wandel unterlegenen (Arbeits-)Welt.

WATNA: Akronym aus den englischen Worten »Worst Alternative to a Negotiated Agreement«, die schlechtmöglichste Alternative, wenn es im Verhandlungsgespräch zu keiner Einigung kommt.

Vertikales Sprachsystem: In der Soziolinguistik von Deborah Tannen geprägter Begriff, der eine stark hierarchisch orientierte Kommunikation beschreibt, mit der zunächst die Rang- und Revierfragen geklärt werden, bevor es inhaltlich werden kann.

ZOPA: Akronym aus dem englischen »Zone of Possible Agreement«, deutsch »Bereich einer möglichen Einigung«. Beschreibt einen Verhandlungsrahmen, innerhalb dessen sich die Verhandelnden in einer Verhandlung einig werden können.

Quellenverzeichnis

1 www.bpb.de/geschichte/deutsche-geschichte/frauenwahl-recht/279341/ein-neuer-ausschluss

2 www.deutschlandfunk.de/frauen-in-der-ddr-permanent-am-li-mit.1148.de.html?dram:article_id=369112

3 www.rbb24.de/politik/beitrag/2019/03/studie-ostfrauen.file.html/Ostfrauen.pdf

4 www.youtube.com/watch?v=pRHb4k9p7Ek

5 www.destatis.de/DE/Presse/Pressemitteilungen/2020/12/PD20_484_621.html

6 www.destatis.de/DE/Presse/Pressemitteilungen/2020/12/PD20_484_621.html

7 dserver.bundestag.de/btd/18/131/1813119.pdf

8 www.statistischebibliothek.de/mir/servlets/MCRFileNodeServlet/DEHeft_derivate_00017806/5621108069004.pdf

9 www.destatis.de/DE/Presse/Pressemitteilungen/2020/12/PD20_484_621.html

10 www.destatis.de/DE/Themen/Arbeit/Verdienste/Verdienste-Verdienstunterschiede/Methoden/Downloads/methodenbericht-gender-pay-gap-verfahren-2020.html

11 www.forschung-und-lehre.de/karriere/professur/professorinnen-bei-w-besoldung-im-nachteil-1255

12 www.mckinsey.de/news/presse/2019-07-29-top-studentinnen-fordern-weniger-gehalt-als-mannliche-toptalente

13 www.boeckler.de/de/boeckler-impuls-ruckschritt-durch-corona-23586.htm

14 www.uni-hohenheim.de/uploads/tx_newspmfe/pm_Battle_ of_the_sexes_2006-02-14_status_6.pdf

15 www.npr.org/sections/money/2014/04/08/300290240/ why-women-dont-ask-for-more-money

16 Eigene Berechnungen in der Buhl-Software: App *WISO Gehalt 2021*, Version 3.0.4.

17 Eigene Berechnungen in der Buhl-Software: App *WISO Gehalt 2021*, Version 3.0.4.

18 www.destatis.de/DE/Themen/Arbeit/Arbeitsmarkt/Qualitaet-Arbeit/Dimension-5/tarifbindung-arbeitnehmer.html

19 www.boeckler.de/de/pressemitteilungen-2675-mehr-als-77000-gueltige-tarifvertraege-in-deutschland-aktuelle-daten-zur-tariflandschaft-3074.htm

20 www.dgb.de/themen/++co++8441ae46-fef1-11df-463e-00188b4dc422

21 www.arbeit-und-arbeitsrecht.de/fachmagazin/kommentar/eingruppierung.html

22 www.haufe.de/personal/haufe-personal-office-platin/uebertarifliche-und-aussertarifliche-entgeltzulagen_idesk_PI42323_HI853994.html

23 www.sueddeutsche.de/karriere/job-zufriedenheit-wechsel-1.4827982

24 Roland Berger Strategy Consultants GmbH: *THINK ACT – Die neue Vereinbarkeit*, November 2014.

25 www.bmfsfj.de/bmfsfj/aktuelles/alle-meldungen/pandemie-befoerdert-bewusstseinswandel-in-unternehmen-183808

26 www.managerseminare.de/ms_Artikel/Entgeltunterschiede-Je-hoeher-die-Position-desto-groesser-der-Pay-Gap,272042

27 www.diw.de/de/diw_01.c.741779.de/publikationen/wochenberichte/2020_10_2/gender_pay_gap_steigt_ab_dem_alter_von_30_jahren_stark_an.html

28 www.forschung-und-lehre.de/karriere/kaum-besserung-fuer-forscher-nachwuchs-3510/

29 www.berliner-zeitung.de/lernen-arbeiten/deutschland-hat-zu-viele-doktoren-li.142334

30 www.forschung-und-lehre.de/politik/universitaeten-zu-50-prozent-aus-projekt-und-drittmitteln-finanziert-500

31 www.che.de/wp-content/uploads/upload/Blickpunkt_Karriereentwicklung_Juniorprofessur_2014.pdf

32 www.bmbf.de/bmbf/shareddocs/bekanntmachungen/de/2018/05/1740_bekanntmachung

33 www.gwk-bonn.de/fileadmin/Redaktion/Dokumente/Papers/GWK-Heft-73-WISNA-Monitoringbericht-2020.pdf

34 www.zdh.de/ueber-uns/fachbereich-soziale-sicherung/frauen-im-handwerk/

35 Isaacson, Walter: *The Innovators: Die Vordenker der digitalen Revolution von Ada Lovelace bis Steve Jobs*. München: Random House Audio, 2018.

36 gallery.lib.umn.edu/exhibits/show/gender-codes/making-programming-masculine

37 www.imsalon.de/branchen-news/branche-detailseite/die-friseurbranche-in-zahlen-wie-viele-friseure-gibt-es-in-deutschland/

38 www.computerwoche.de/a/it-leiterinnen-verdienen-weniger,3656919

39 www.hwk-heilbronn.de/artikel/neue-studie-belegt-handwerksstolz-62,0,6560.html

40 news.sap.com/germany/2018/01/co-leadership-personal-management/

41 www.bosch.de/news-and-stories/we-lead-bosch/

42 Roland Berger Strategy Consultants GmbH: *THINK ACT – Die neue Vereinbarkeit*, November 2014.

43   de.statista.com/statistik/daten/studie/76211/umfrage/
     scheidungsquote-von-1960-bis-2008/

44   www.deutsche-rentenversicherung.de/DRV/DE/Experten/
     Arbeitgeber-und-Steuerberater/Gleitzone-Uebergangsbereich/
     uebergangsbereich_gleitzone.html

45   www.oecd.org/berlin/presse/alterssicherung-fuer-selbststaendi-
     ge-in-deutschland-lueckenhaft-27112019.htm

46   de.statista.com/statistik/daten/studie/237346/umfrage/unter-
     nehmen-in-deutschland-nach-rechtsform-und-anzahl-der-be-
     schaeftigten/

47   www.gruenderlexikon.de/checkliste/informieren/marketing/
     marketing-mix/preispolitik/

48   www.finance-magazin.de/banking-berater/consulting/big-four-
     analyse-consulting-deloitte-ist-die-neue-nummer-1-2053741/

49   www.ifm-bonn.org/definitionen/kmu-definition-der-eu-
     kommission

50   www.branding-institute.com/wp-content/uploads/2014/01/Ca-
     sanova_Personal_Branding_Die_Fuehrungskraft_als_Marke_
     basic.pdf

51   Tannen, Deborah: *You Just Don't Understand, Women And Men in
     Conversation.* London: Virago Press, 1991.

52   www.manager-magazin.de/lifestyle/mode/studie-anzuege-veraen-
     dern-das-denken-a-1038106.html

53   de.statista.com/statistik/daten/studie/1233593/umfrage/un-
     besetzte-ausbildungsstellen-und-unversorgte-bewerberinnen-im-
     handwerk/

54   www.gesetze-im-internet.de/agg/__22.html

55   www.haufe.de/personal/hr-management/was-dax-konzerne-fuer-
     die-kinderbetreuung-tun_80_161190.html

56   de.statista.com/statistik/daten/studie/321375/umfrage/
     anzahl-der-betrieblichen-kindertagesstaetten-in-deutschland/

57 www.sueddeutsche.de/karriere/studie-in-daenischen-unter-nehmen-chefs-mit-erstgeborenen-toechtern-bezahlen-frauen-mehr-1.1722627

58 idw-online.de/de/news546793

59 blog.levigo.de/tellerrand/richard-david-precht-auf-der-think-frankfurt/

60 e-fundresearch.com/markets/artikel/32192-wirtschaftsfor-schung-der-homo-oeconomicus-hat-ausgedient

61 Kahneman, Daniel: *Schnelles Denken, langsames Denken*. München: Random House, 2012.

62 www.spektrum.de/lexikon/biologie/kampf-oder-flucht-reaktion/35305

63 www.nationalgeographic.de/wissenschaft/2017/12/diese-saebelzahnkatze-traf-noch-auf-moderne-menschen

64 scholar.harvard.edu/marianabockarova/files/tend-and-be-friend.pdf

65 www.hiig.de/big-data-und-nudging-marketing-oder-manipula-tion/

66 www.mpg.de/13869885/0910-pat-087896-stress-und-wettbe-werb-schlechte-kombination-fuer-frauen

67 Watzlawick, Paul; Beavin, Janet H.; Jackson, Don D.: *Menschliche Kommunikation: Formen, Störungen, Paradoxien*. 12. Auflage. Bern: Verlag Hans Huber, 2011.

68 www.kaaj.com/psych/smorder.html

69 www.wissenschaft.de/gesellschaft-psychologie/die-wirkung-von-kleidern-psychologie-in-der-mode/

70 Abdel-Latif, Adel: *Quick & Dirty: Die geheimen Strategien und Taktiken des Verhandlungsprofis*. München: Redline Verlag, 2015.

71 www.augsburger-allgemeine.de/politik/Medienbericht-Hunds-gemein-Wusste-Putin-doch-von-Merkels-Angst-vor-Hunden-id36665597.html

Weiterführende Literatur

Abdel-Latif, Adel: *Quick & Dirty: Die geheimen Strategien und Taktiken des Verhandlungsprofis.* München: Redline Verlag, 2015

Fisher, Roger; Ury, William; Patton, Bruce: *Getting to Yes: Negotiating an Agreement without Giving in.* Überarbeitete Ausgabe. London: Random House Business Books, 2012

Isaacson, Walter. *The Innovators: Die Vordenker der digitalen Revolution von Ada Lovelace bis Steve Jobs.* München: Random House Audio, 2018

Kahneman, Daniel: *Schnelles Denken, langsames Denken.* München: Random House, 2012

Schulz von Thun, Friedemann: *Miteinander reden.* Band 1 bis 3. Reinbek bei Hamburg: Rowohlt, 1981–1998

Mehrabian, Albert. *Silent Messages: Implicit Communication of Emotions and Attitudes.* Belmont, CA: Wadsworth, 1981

Tannen, Deborah: *You Just Don't Understand, Women And Men in Conversation.* London: Virago Press, 1991

Watzlawick, Paul; Beavin, Janet H.; Jackson, Don D.: *Menschliche Kommunikation: Formen, Störungen, Paradoxien.* 12. Auflage. Bern: Verlag Hans Huber, 2011

Haftungsausschluss

In diesem Buch beschreibe ich Anregungen, Hinweise und Hilfestellungen als Vorbereitung für deine schwierigen Gespräche und Verhandlungen. Seit 1999 kommuniziere ich im professionellen Umfeld mit Menschen. Dabei geht es um vertrauliche Themen wie Geld, Finanzen, die persönliche und geschäftliche Weiterentwicklung und Veränderungsprozesse. Neben den Finanzthemen habe ich mich schon früh mit Kommunikation, positiver Psychologie und Persönlichkeitsentwicklung beschäftigt. Unzählige Seminare, Vorträge und Trainings, mein acht Semester langes Studium der Allgemeinen und Vergleichenden Sprachwissenschaft, vor allem aber meine praktische Erfahrung haben mein Wissen und meine Kompetenz fein geschliffen und schleifen sie mit jedem neuen Tag weiter fein. Einiges hier im Buch habe ich selbst-, manch zitiertes Modell weiterentwickelt und in der Praxis ausprobiert. Meine Klientinnen, die sich mir während ihrer Veränderungsprozesse anvertraut oder die sich mit mir auf ihre Bewerbungs-, Gehalts-, Personal- oder Entwicklungsgespräche vorbereitet haben, konnten die in diesem Buch beschriebenen Anregungen erfolgreich umsetzen. Ich habe dieses Buch nach bestem Wissen und Gewissen für dich geschrieben. Eine Erfolgsgarantie kann ich dennoch nicht übernehmen. Entscheidungen und Ergebnisse in der Praxis hängen von vielen individuellen Faktoren ab, die ein Buch gar nicht abbilden kann. Zudem kann auch die beste eigene Vorbereitung nicht beeinflussen, wie andere Menschen agieren oder reagieren. Deshalb bedanke ich mich im Voraus für dein Verständnis, dass weder ich als Autorin noch der Verlag und seine Beauftragten für Personen-, Sach- und Vermögensschäden eine Haftung übernehmen können.

Dank

Ich bin so gut wie das Team um mich herum.

Die Idee zum Buch ist das eine. Das andere sind Ausdauer, Energie, Geduld, gute Gedanken, Raum, Zeit und Zuversicht. Und alles das haben viele liebe Menschen in meinem familiären, privaten und beruflichen Umfeld ermöglicht. Danke, dass es euch gibt und dass ihr mich, jede und jeder auf ihre und seine Weise, unterstützt habt.

Meinen Auftraggebern, Netzwerk- und Kooperationspartnerinnen, Klientinnen und Klienten gilt mein Dank für euer Vertrauen. Jede und jeder einzelne von euch hat mir die Möglichkeit geschenkt und schenkt sie mir weiterhin, Neues zu lernen, an Herausforderungen zu wachsen und mich weiterzuentwickeln. Durch eure Geschichten und durch unsere gemeinsamen Erkenntnisse habt ihr euren Teil zur Entstehung dieses Buches beigetragen, vielen Dank!

Ein großer Dank geht an Martin Wehrle, der mich zur Karriereberaterin ausgebildet hat und seither meinen Weg begleitet und mich darin bestärkt, meine Ideen zu realisieren. Einer der Großen im Coachingbusiness, der seine Werte nicht nur kommuniziert, sondern auch lebt und dessen Bücher selbstredend alle lesenswert sind.

Danke an das Team von Eden Books für euer Vertrauen in das Projekt, eure Begleitung während des Entstehungsprozesses und die rundum gelungene Zusammenarbeit, liebe Julia Gommel-Baharov, liebe Nina Schumacher, liebe Marion Nielsen, liebe Sophie Priester, liebe Chiara Ksienzyk, liebe Patricia Staffa, liebes FAVORITBUERO. Und ich danke dem Team aus dem Vertrieb, das unser Werk in den Markt und damit in die Hände unserer Leserinnen bringt.

Ich danke dir, liebe Susanne Röltgen, du hast eine tolle einfühlsame, verständnisvolle und bestärkende Art, sodass es eine wahre Freude war, dich als Lektorin an der Seite zu haben.

Die tollen Illustrationen stammen von Ulla C. Binder. Ich finde, sie runden das Leseerlebnis super ab. Liebe Ulla, herzlichen Dank für deinen kreativen Beitrag!

Lieber Georg Thoma, das Gedicht »Vielleicht« aus deinem Gedichtband *Gedichte sind Zeilen, die heilen* berührt mich so sehr, dass es in mein Buch wollte und durfte. Dafür danke ich dir sehr!

Ich danke dir, liebe Angela De Giacomo, denn durch dein wunderbares Netzwerk WunderNova habe ich Jennifer Kroll kennenlernen dürfen, die zu der Zeit bei Eden in der Verlagsleitung war. Diese Begegnung hat den Grundstein für dieses Buch gelegt.

Liebe Jennifer, du hast an das Projekt geglaubt und alles Weitere in die Wege geleitet, herzlichen Dank!

Ein großer Dank geht an dich, liebe Christina Czybik, für die schönen Pressebilder und das starke Titelfoto.

Zu meiner stimmigen extraverbalen Kommunikation auf dem Titelfoto und den Pressebildern leisteten Barbara Bernhard und Sandra Schütz mit ihrer Expertise (Styling, Haare und Make-up) ihren wertvollen Beitrag. Ich danke euch sehr und bin froh, euch in meinem Netzwerk zu wissen.

An dich, liebe Barbara, geht ein Extradank, du hast die Entstehung des Buches von der ersten bis zur letzten Sekunde mit großem Interesse und mentaler Unterstützung mitverfolgt und es ist schön, dich als enge Vertraute, tolle Freundin und starke Frau in meinem Leben zu haben.

Meinem lieben Mann, Freund und Lebenspartner, Herausforderer, Sparringspartner und wichtigen Anker in meinem Leben, Steffen, gilt ein RIESENDANKE. Du gibst mir den Raum, so sein zu dürfen, wie ich bin, mit all meinen Marotten, Ecken, Kanten und liebenswerten Seiten.

»EINE GESCHICHTE, DIE VON SOLIDARITÄT, LIEBE UND FAMILIE HANDELT – UND VON STARKEN FRAUEN.« RP ONLINE

DILEK GÜRSOY

Ich stehe hier, weil ich gut bin

ALLEIN UNTER MÄNNERN: EINE HERZCHIRURGIN KÄMPFT SICH DURCH

16,95 € (D) / 17,50 € (A)
ISBN 978-3-95910-286-5

Dilek Gürsoy hat schon immer davon geträumt, Ärztin zu werden. Heute ist sie nicht nur eine der wenigen Herz- und Kunstherzchirurginnen Europas, sondern wurde 2019 sogar zur Medizinerin des Jahres gekürt. Trotz ihres Erfolgs erlebt sie Tag für Tag, wie schwer es ist, im Klinikbetrieb einen Spitzenplatz zu besetzen – und dass Einsatz, Kompetenz und Selbstbewusstsein nicht so viel zählen wie lang etablierte Männernetzwerke.

Offen und ehrlich erzählt Dilek Gürsoy von ihrem Werdegang als Tochter türkischer Gastarbeiter, von Ausbildung, Klinikalltag und den Hürden, die sie nehmen musste, um sich im OP zu behaupten. Aufgeben war für sie nie eine Option und eines hat sie gelernt: Frauen müssen zusammenhalten!

Neuigkeiten und Bücher der Edel Verlagsgruppe gibt es unter **www.betterbooks.shop**

EDEL
VERLAGSGRUPPE

Eden
BOOKS

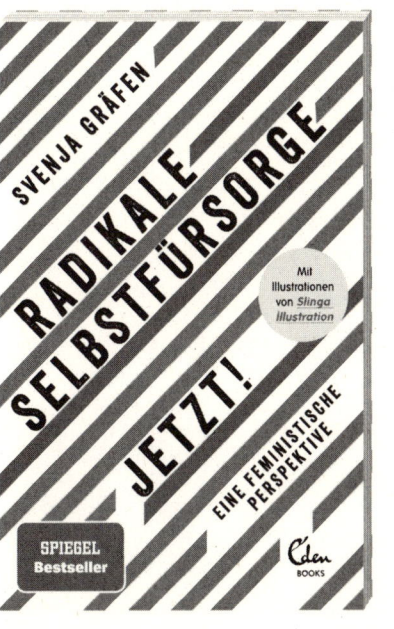

»TUT WEH – UND IRGENDWIE GUT. MUST-READ!« BRIGITTE

RONJA EBELING

Jung, ~~un~~besorgt, ~~un~~abhängig

EINE GENERATION IN
DER KRISE

16 € (D) / 16,50 € (A)
ISBN 978-3-95910-334-3

Ronja Ebeling ist 25 und wütend. Wütend auf eine Gesellschaft, die ihr als Kind viele Versprechen gemacht, aber kaum eines davon gehalten hat. Anstatt sich wie frühere Generationen auf unbefristeten Jobverträgen auszuruhen, schuften sich junge Menschen von Praktikum zu Praktikum, statt Freizeit gibt es Burn-out, anstelle einer satten Rente den Ausblick auf Altersarmut.

Dieses Buch ist eine längst überfällige Abrechnung mit einer Gesellschaft, die von jungen Menschen viel fordert, aber nur wenig zurückgibt. Schonungslos offen und mit messerscharfem Blick analysiert Ronja Ebeling die Themen, die ihre Generation umtreiben.

Neuigkeiten und Bücher der Edel Verlagsgruppe gibt es unter **www.betterbooks.shop**

Eden Books
Ein Verlag der Edel Verlagsgruppe
Copyright © 2022 Edel Verlagsgruppe GmbH, Neumühlen 17, 22763 Hamburg
www.edenbooks.de | www.edel.com
1. Auflage 2022

Die Publikation enthält Links auf Webseiten Dritter, für deren Inhalte wir keine
Haftung übernehmen. Wir verweisen lediglich auf deren Stand zum Zeitpunkt
der Erstveröffentlichung.

Lektorat: Susanne Röltgen
Korrektorat: Rotkel. Die Textwerkstatt
Umschlaggestaltung: FAVORITBUERO
Illustrationen: © Idee und Konzept: Susan J. Moldenhauer, Zeichnerische
Umsetzung: Ulla C. Binder
Icon Glühbirne: © Good Ware/Flaticon; Icon Daumen: © Gregor Cresnar/Flaticon
Layout und Satz: Datagrafix GSP GmbH, Berlin | www.datagrafix.com
Druck und Bindung: GGP Media GmbH, Pößneck
ISBN 978-3-95910-352-7

Printed in Germany

Eden Books unterstützt bei der Produktion dieses Buches das Projekt »Junge
Riesen für die nächsten 100 Jahre«. Damit wird ein Anteil der unvermeidbaren
CO_2-Emissionen im direkten Umfeld des Produktionsstandortes kompensiert.

FSC
www.fsc.org

MIX
Papier aus verantwor-
tungsvollen Quellen
FSC® C014496